獣害列島

増えすぎた日本の野生動物たち

田中淳夫
TANAKA, Atsuo

イースト新書
127

はじめに

「絶滅する」と騒がれた動物たち

私の手元に『追われる「けもの」たち』（築地書館）という本がある。学生時代の愛読書だが、内容は日本の野生動物の状況と獣害問題を動物別にそれぞれの専門家が記したものだ。初版発行は一九七六年だから、執筆者の持つ情報はその少し前だろう。つまり、約五〇年前の日本列島の動物事情が描かれていると考えられる。

内容をかいつまんで紹介しよう。

◎ニホンザル現存数の推定は難しいが、五～一〇万頭と思われ減少傾向を示している。

◎ツキノワグマは、九州では確認されなくなり四国もごく小範囲にしか生息しない。全国の生息数は、中央林業相談所の数字では、約六六〇〇頭である。

◎シカは、冒頭に「現在、わが国にどの程度のシカが生き残っているのか、はっきりわかっていない。少数の地域を除いて、分布域も個体数も、ごくわずかなものにちがいない」と記す。調査した瀬戸内の島々では、絶滅と縮小が相次いでいる。

◎ニホンカモシカは、中国地方ですでに絶滅し、四国・九州も一部に限られ、分布域と生息数の縮小が進んでいる。特別天然記念物に指定されて狩猟は禁止されたが、生息地の破壊が進んでいるためである。

◎イノシシは、狩猟獣として人気だが、東北・北陸・北海道の一〇道県では見られず、捕獲数も変動が大きい。獣害対策として各地で絶滅に追い込んできた歴史がある。

そのほかの動物や地域ごとの調査結果も取り上げているが、全体として野生動物は危機的状況であるとする記述が目立つ。タイトルどおり「追われるけものたち」なのである。

これらが当時の日本の野生動物の状況だったのだろう。

私は森林ジャーナリストの肩書のとおり森林全般に興味を持っているが、なかでも野生動物に関して特別な思いがある。少し、自身の経験を振り返りたい。

大学生だった一九七九年に、探検部でボルネオに遠征した。目的は「野生オランウータンの生態観察」だった。オランウータンは絶滅が心配されている類人猿だが、当時、野生の研究はほとんどされていなかったからだ。動物に関心があるのではなく、未知であることが目的に選んだ理由だった。約一カ月間熱帯雨林を歩き回り、直接出会うことはなかったが、樹上に彼らの寝床をいくつも発見し、糞も確認した。この経験こそ私が野生動物に興味を持った原点だ。

その後、南アルプス原生自然環境保全地域の生物調査（の下働き）に誘われて参加した。私は哺乳類担当の研究者とともに動物の足跡を探した。さらにツキノワグマの冬眠穴調査にも従事した。岩の割れ目や樹洞（じゅどう）など、確認されているクマの冬眠穴を調べるのだが、「中にクマがいたら……」と、緊張で足が震えた記憶がある。

ニホンカモシカを観察しようと雪の南アルプスの一角にテントを張って、約一週間張り込んだこともある。だが目撃できたのはたった一回、ほんの数十秒だった。そのほかニホンザルやオガサワラオオコウモリなどを見たくて山野・島嶼（とうしょ）を歩き回った。

今思えば「絶滅しそうな動物」を探すことに熱中していた。だから冒頭の『追われる「けもの」たち』も愛読したのだ。この時代の野生動物は滅びゆく存在だった。「このままでは日本から野生動物は消えてしまう」と危惧されていたのである。私は〝滅ぶ前に〟その動物を目撃したかったのかもしれない。

さて、それから数十年。「絶滅寸前」「減少の一途」だった野生動物はどうなったか。

今では山間部でシカやイノシシの足跡や糞などの痕跡を目にするのはしょっちゅうだし、実物を目撃することだってさほど難しくない。とくに山間集落では夜間になると家の周囲に平気で群れている。サルは家の中まで侵入するようになった。そしてクマと遭遇する事件も頻発するようになってきた。

都会でも野生動物の目撃例は増えている。私の住む街でも、駅前をタヌキが走り、庭先までイタチが現れる。自宅の前にノウサギの糞が落ちていたこともあった。裏山にサルが出現して市が注意文書を流したこともある。同じようなことは全国で起きている。あきらかに野生動物は増えている。それも多くの種類で。

もちろん絶滅を危惧される生き物はたくさんいる。二〇一八年に国連に出された報告書によると、現在地球上で約一〇〇万種の動植物が絶滅の危機に瀕しており、その多くは今後数十年以内に絶滅しかねないという。日本でも絶滅のおそれのある野生生物に関する情報を記載した環境省の「レッドデータブック」には、三七七二種の絶滅危惧種が掲載されている。サンショウウオなど地域個体群の絶滅も危惧されている。哺乳類では「絶滅」が七種、絶滅危惧種は三四種ある。数としては決して少なくないだろう。

ただ一部の野生動物は、生息数を大きく膨らませているのも事実だ。そして増えすぎた動物がもたらす被害が頻発している。いわゆる「獣害」だ。とくに農作物被害が多く、ときに人家の庭まで入ってくる。その額は年間一〇〇〇億円以上だとする声もある。それに対する捕獲頭数も年々膨れ上がり、シカ、イノシシだけで一〇〇万頭以上にのぼっている。もはや全国的な問題だと言ってよい。

獣害は、農林作物の被害や人身事故だけではない。草木が過剰に食われて植生を劣化させるケースもある。また、外来種など一部の動物の増加は、生態がよく似ている在来動物の生息を圧迫する。そして感染症も忘れてはならない。疫病の多くは、動物の持つ病原体が人間にうつることから始まる。猛威を奮う新型コロナウイルスもその一つだ。

我々は、「野生動物が増えすぎた異常」について、もっと強く認識すべきではないか。とくに都会の住民にこそ知ってもらいたい。「日本の自然は破壊が進み、野生動物は絶滅の危機に陥っている」……日本列島をそんな昔のイメージのままで捉えていたら、全国で広がっている危機に気づけない。そして今後都会を襲う可能性の高い事態に対応できないだろう。野生動物の侵攻は、刻一刻と深刻さを増しているのだから。

本書では、まず野生動物が増えていること、さまざまな被害が広がっていることを紹介する。次に、なぜ増えたのかを考察したい。すべての野生動物を扱えないので哺乳類を中心とするが、それは代表例という位置づけだ。

そのうえで、何よりも日本の自然がここ数十年で大きく変わったことを知ってもらいたい。そして「増えすぎた野生動物たち」に対して人間はどう対処しているのかを見ていく。そこでは「有害駆除」という名の狩猟と、野生鳥獣の食肉・ジビエ推進の実態が課題となっている。最後に、人と動物の歴史的な関わり方と、今後あり得るべき両者の関係を考察していきたい。

本書が動物と人間の共生の可能性を考えるきっかけとなれば幸いである。

獣害列島　増えすぎた日本の野生動物たち　目次

第二章　破壊される自然と人間社会　059

第三章　野生動物が増えた本当の理由　087

第五章　獣害列島の行く末　157

第一章　日本は野生動物の楽園？

身近な野生動物、イヌとネコ

野生動物の紹介の最初にイヌとネコを取り上げては、読者のみなさんは面食らうかもしれない。「イヌとネコのどこが野生なんだ?」と。

たしかにイヌ・ネコの多くはペットとして人間に飼われる動物だ。野生のイメージは薄いだろう。しかし、元は野生だったのは間違いない。それがペット化する過程を追えば、「そもそも野生動物とは何か」を考えるのに向いている。それに、イヌ・ネコの再野生化も進んでいるのだ。

まずイヌ・ネコは、どのように人間と暮らすようになったのだろうか。

イヌは、食肉目(ネコ目)イヌ科イヌ属の動物である。一般にはイヌを独立した動物種だと思いがちだが、種としてはオオカミと同じだ。両者の形態は細かな特徴で違うのだが、DNAに大きな差もないため、通常はタイリクオオカミの亜種として扱われている。

では、オオカミがなぜイヌになったのか。おそらく人間がオオカミの子どもを手に入れて飼育したのだろう。そして徐々に人間に馴らしていった。それは単にカワイイからではなく、役に立つからだ。狩りに協力させたのかもしれないし、敵の来襲にいち早く気がつく能力を買ったのかもしれない。これこそ家畜の始まりでもある。

オオカミは簡単に人間になつかないが、世代を重ねて性質を変えていった。そしてイヌとなると、人間社会に溶け込んだ。イヌ科動物は、基本的に群をつくり、リーダーに服従する習性を持つ。だから人間をリーダーと認めれば、忠実なしもべとなるのだ。

現在、イヌの飼育ではロープでつなぐことが義務化されている。しかし昔は放し飼いが当たり前だった。私が子どものときに飼っていたイヌも放していた。もっとも、当時住んでいた家は袋小路にあったが、そこから出ようとはしなかった。近所の人にも愛されて、自分のテリトリーやホームレンジ（行動範囲）を守った。そうした点も飼いやすく、ペットになった理由だろう。イヌは人とともに生きていける動物なのである。

一方ネコは、食肉目（ネコ目）ネコ科ネコ属。イエネコと呼び、少し前まではヤマネコとは別種とされてきた。しかし最近は、リビアヤマネコの一亜種もしくは変種だと見なされるようになった。DNA分析によると、イエネコとヤマネコはほぼ同じで、オオカミとイヌよりも差異が少ない。つまりネコは身体的変化を経ないまま、人間と一緒に暮らすようになった。このため、人間がネコを家畜化したのではなく、ネコ自ら人と暮らす道を選んだといわれる。逆に言えば、イエネコも野生を捨ててはいないことになる。

こうして人になついたイヌやネコは、いまや世界のペットの代表格となった。

近年はネコブームが起きているといわれるが、一般社団法人ペットフード協会調べでは、二〇一八年に日本全国で飼われているイヌは約八九〇万三〇〇〇頭、ネコは約九六四万九〇〇〇頭である。それにイヌ関連は四二二冊、ネコ関連の本は七〇七冊出版されたという（一八年度。国会図書館調べ）。加えて専門雑誌がそれぞれ複数あるほか、一般雑誌でイヌやネコが取り上げられることも多い。動物としての圧倒的な人気ぶりがわかるだろう。

なおペットフード協会の統計では、イヌの飼育数は二〇一二年から五年連続で前年割れしているが、ネコは横ばい傾向だという。一方でペット産業の市場規模は拡大を続けており、近年は一兆五〇〇〇億円前後にもなる。

この動向の解釈はいろいろできるが、一つ言えるのは、ペットが「愛玩動物」から「コンパニオンアニマル」という位置づけに変わってきたこと。つまり家族の一員、人生の伴侶であるという認識が高まったのだ。イヌやネコは〝もう一人の家族〟として増えている。だから金をかける。その代わり部屋の中で飼える小型ペットが求められ、同時に健康の管理が進んで長生きする傾向にある。しかし、飼われる数が多いだけに、飼育の放棄も少なくない。するとノライヌ、ノラネコとなる。人に飼育されず生きている状態だ。

さて、この「ノラ化」は「野生化」だろうか。線引きは曖昧だが、私は「ノラ状態」をまだ野生化に入れていない。ノライヌもノラネコも、棲む地域は人間社会とその周辺だと思われるからである。そして餌も人間が出す残飯などを狙う。ときにノラに餌を与える人もいる。それなりに人間の関与によって生存していると思えるからだ。

それに幼獣、つまり子イヌ、子ネコの時代は人に接していたケースが多いため、彼らの記憶の中に人間への親しみが残っているように思う。実際、我が家の庭にもノラネコが出没するが、多くは人の姿を見ても警戒せず近寄って来る。また私は中学生の頃にノライヌと仲良くなった経験があるのだが、しばらくして姿を消し、数年後にノライヌの群の中に発見した。群を見て一瞬怖く感じたが、私には尻尾をふって近づいてきた。きっと私のことを覚えていてくれたのだろう。

だが、こうしたノライヌ、ノラネコが自活を進め、その集団の中で子孫をつくり出すと、生まれながら野生生活を送るイヌやネコとなる。人に関わりなく暮らし、餌も自然界で得るようになれば、完全な野生化イヌ、野生化ネコと言えるだろう。こうした状態になったものをノイヌ、ノネコと呼ぶ。

ペットのイヌ、ネコは比較的性質は穏和で家に居つくが、ノイヌ・ノネコとなると凶暴で、広い縄張りを持つ。ネズミなどの小型哺乳類や鳥類、爬虫類、両生類、昆虫類などさまざまな生き物を獲って食べる。イヌは、群をつくって集団で狩りを行うことが多い。だから大型動物も仕留められる。

ネコの場合、狩りは餌を得るだけが目的でなく、空腹でなくても行う習性がある。なかには餌を食べている最中に狩りに飛び出すネコもいる。十分に餌をあげているはずの飼いネコが、野外でネズミや鳥などを襲って、獲物を家に持ち帰ることは、ネコを飼っている人なら誰しも経験があるだろう。

繁殖力も旺盛だ。イヌもネコも、妊娠期間はたった二カ月程度。そして一度に三〜六匹を産む。ペットとして飼育されていると、長生きして一〇年以上生きることも珍しくなく、一頭のメスは生涯に五〇〜一五〇頭も出産可能だとされている。

ここで問題になるのは、やはり野生化による獣害の発生だろう。

ノイヌは、ある意味猛獣だ。餌を得るためには大型動物も襲う。あるいは敵と認識すれば攻撃する。人間がその対象になることもあるだろう。また最近の捨てイヌの中には、猟犬もいるそうだ。ハンターは狩猟用の猟犬を飼育するが、山で迷って飼い主の元にもどれなくなるケースのほか、飼い主が山に捨てるケースが少なくないという。「歳をとった」

ノライヌ(上)とノラネコ(下)

「獲物をあまり追わない」「単に飼うのが面倒になった」という身勝手な理由だ。主人に捨てられた猟犬の多くは命を落とすだろうが、餌の獲り方を比較的知っているだけに、生き延びる個体もいるだろう。そうなると捕食者として、生態系ピラミッドの頂点に立てるかもしれない。

すでにノイヌは、かつてのオオカミの生態的地位を占めているという見方もあるほどだ。人を知らないイヌは、オオカミへと先祖返りしつつあるのかもしれない。

実状はネコも同じだ。飼いきれなくなって捨てられるケースが少なくない。生まれたばかりの子ネコを捨てるだけでなく、飼い主が「引っ越しをする」「飼うのが面倒になった」などの理由で放逐(ほうちく)される。多くは野垂れ死にするが、なかには自活し始める個体もいるだろう。それがノラネコとなり、やがてノネコとして増えていく。飼われているネコが一〇〇〇万頭近くいるわけだから、ノネコ化する個体も相当数いるだろう。

そもそも飼いネコは放し飼いが多い。飼い主の家から出入り自由で、ときに遠くまで放浪する。数週間帰らないネコもいるし、複数の〝飼い主〟を持つネコもいる。さらに特定の飼い主がおらず、町全体で世話されている「地域ネコ」と呼ばれる存在もある。放し飼いとノラネコとノネコの境界は曖昧だ。そしてネコは、基本的に凶暴な殺し屋的能力を持っていると思った方がよい。

ちなみに、法律的にはノイヌ・ノネコは鳥獣保護法によって駆除できる野生動物に含まれる。ただ動物愛護法もあり、人間社会の近くで棲むノライヌ・ノラネコの場合は適用できるかどうか微妙だ。一方で、ノライヌは危険性があるため、有害駆除の対象になっている。

ペットの野生化問題を追うと、人間の身勝手な都合を浮き立たせる。ノイヌ・ノネコであっても、形態はペットとそっくりで、その姿やしぐさがかわいらしくもある。だが被害は出る。そこで駆除しようとすると、非常に強い反対の声が上がる。

動物をかわいく感じる人間の感性については改めて考察したいが、獣害対策を難しくする元でもある。イヌ・ネコだけでなく動物は、見る目によってはみんなカワイイ。獰猛なライオンも、巨大なヒグマも、見ているだけならカワイイ。しかし生息数が増えすぎたり、人間社会と接触したりすると、なんらかの害を（人間側に）もたらす。それが獣害だ。

本書には、さまざまな野生動物を登場させるが、常にイヌやネコの存在を脳裏に描きながら読み進めてもらいたい。

列島全域が「奈良公園」状態

現在、爆発的に生息数が増えて、獣害を大発生させている野生動物はシカだ（本書でシカと記す場合、説明をつけないかぎりニホンジカを指す）。

シカと言えば、奈良公園の「奈良のシカ」が頭に浮かぶ人が多いことだろう。奈良近辺に住んでいる私自身も、幼い頃から身近に見てきた存在である。

「奈良のシカ」は奈良公園内に棲むシカのことで、天然記念物に指定されている。歴史的に保護されてきたため人を恐れない。あくまで野生なのだが、鹿せんべい目当てに人に寄ってくる。身体の一部を触っても、あまり怒らない。時折、商店街や住宅街を闊歩する。これほどの大型動物を街の中で間近に見られるのは世界的にも珍しい。しぐさもカワイイ。この点はイヌ・ネコのポジションに近いかもしれない。

だが獣害の主役としてのシカは、カワイイなどとは言っていられない。

環境省の調査では、二〇一三年の個体数は北海道を除く地域で、中央値（データを大きい順に並べたときの中央の値）で三〇五万頭となっている。

二〇二〇年には、捕獲率が現状と変わらなければ四〇〇万頭以上に増えている計算で、二〇二三年に四五三万頭になると試算している。なお統計上の九〇%信用区間の上限数値(九〇%の確率で正しい数値のうちでもっとも高い値)は、六四六万頭にもなる。中央値の二倍以上いる可能性もあるのだ。

この数字には、北海道のエゾシカ(ニホンジカの亜種)が含まれていない。北海道庁によるエゾシカ生息数は二〇一〇年に六八万頭とされたが、二〇一六年度は四五万頭と推定されている。駆除が進んだからだ。合わせると全国で中央値三五〇万頭、上限で七〇〇万頭以上のシカが日本列島には生息することになる。さらに屋久島のヤクシカ(ニホンジカの亜種)も何万頭かいるだろう。ただ近年は駆除が進んだためか、中央値は三二〇万頭という数字も出ている。これを都道府県の(人間の)人口と比べると、たとえば静岡県は三六四万人、埼玉県で七三四万人(二〇二〇年統計)だ。生息数の規模が想像できるだろうか。

シカやカモシカのように、森林地域に点在している野生動物の生息数を推定するには、区画法と呼ばれる方法がよく行われる。調査地をいくつかの区画に分け、それぞれに調査員を配置し、一斉に同方向に歩いて、目撃した時間と数、個体の姿形や去った方向などをチェックする。そして各人の記録から重なる個体は除いて生息数を推定する。

山中で区画を決めて、発見できたシカの糞を数え、生息密度を計算して割り出す糞粒法もある。さらに距離標本法とかカメラトラップ法も編み出されている。それぞれ地形や環境条件に合わせて実施されるが、どれほど実態をつかんでいるのかははっきりしない。

シカではなくニホンカモシカのケースだが、一九八三〜八四年に環境庁（当時）が区画法で生息数調査を行った後で、群馬県ではヘリコプターで空から目視する方法で生息数を調べた。落葉樹林の山は、冬になると葉が落ちて地表部がよく見える。結果は、区画法推定値の二倍近くに達した。調査で見逃した個体は想像以上に多いようだ。


さて、ここでニホンジカがどんな動物なのか押さえておきたい。

分類は、偶蹄目（ぐうていもく）シカ科シカ属。原産は日本のほかロシアも含む東アジア一帯だが、ベトナムや朝鮮半島では絶滅したようだ。もっとも欧米に移入したものが野生化した地域もあるから、現状では世界中にいる動物だ。

一二の亜種に分類される（異論あり）が、日本ではホンシュウジカ（本州）とエゾシカ（北海道）のほか、キュウシュウジカ（九州と四国）、ヤクシカ（屋久島）、ケラマジカ（慶良間諸島）、マゲシカ（馬毛島）、ツシマジカ（対馬）に分けられている。統計ではホンシュウジカとキュウシュウジカを合わせてニホンジカとする。エゾシカはホンシュウジカと比

シカは森と草原の境目で生活する

べて体格や生態の違いが大きいから統計では別扱いするのだろう。一方でヤクシカは小型で形態も少し違う。いずれも数は増加傾向だ。なお島嶼部に分布するケラマジカやマゲシカ、ツシマジカも体格は小さい。ツシマジカは近年増えてきたが、ほかは希少種扱いだ。

なお日本列島には、ほかに外来種のタイワンジカ（ニホンジカの亜種）やキョン（ホエジカの一種）などのシカ類が野生化している。こちらも同じく獣害発生源だ。

ホンシュウジカの体長・体重は、成獣のオスが九〇～一九〇センチで五〇～一三〇キログラム、メスは九〇～一五〇センチで二五〜八〇キログラム。もっとも、地理的な変異が大きく、また季節や栄養状態も影響する。

シカは草原性の動物とされるが、だだっ広い草原というよりは、森林の周辺や森林内にある草地といった環境を好む。多くは夜を林内で過ごし、昼間は餌を求めて草原など開けたところに出てくる。

問題となるのは、その食性だ。通常は草の葉や茎、実、そして樹木の葉、実などを採食するが、食べられる植物は一〇〇〇種を超えるという。農作物では、葉もの野菜はもちろんだが、果樹の果実に枝葉も食べる。シイタケなども大好物だ。餌が乏しくなると樹皮や落ち葉なども食べる。もはや「セルロースなら何でもOK」と言わんばかりの状態だ。

もっともアセビやシキミ、ナギ、それにシダ類は食べないとされている。たしかにこれらの植物は臭いがきつく、毒となる成分を含んでいるものもある。ところが、食べるものが少なくなると、アセビだろうがシダ類だろうが食べることが観察されている。臭いも慣れてしまうようだ。毒を含む植物も、少量ならよいのだろう。ちなみにトウガラシのような香辛系植物も忌避するというが、ワサビの葉は食べるという。

なお、たまに昆虫を食べた報告もある。アメリカの例では、口元に近づいた小鳥にかぶりついて食べたそうだ。ヤクシカが仲間の死骸をかじる姿も目撃されている。これらは事例としては珍しい行為だろうが、シカは植物しか食べられないというわけではない。奈良のシカでも、ゴミ箱にある弁当の残りの鶏のから揚げを食べていた報告がある。動物性タンパク質もちゃんと消化できるのだ（奈良公園からは、ゴミ箱が撤去された）。

オスは角を持つが、角は毎年生え変わる。春先は伸び始めで、皮膚が盛り上がっていて、柔らかく温かい。やがて硬い角質の角となり、夏に向けて伸び、先を硬く尖らせる。年齢を重ねるとともに枝分かれする数を増やし、三、四年生のオスジカは立派な三枝から四枝の角となる。角はメスへのアピールだが、繁殖期がおわって冬を迎える頃に角は落ちる。頭から剥がれるように角が落ちるのだ。だから冬の間はオスも角がない。

普段オスとメスは別々の群をつくるが、オス・メスともに明確な縄張りを持っていない。また出入り自由でリーダーもいない群である。ただ発情期になると、強いオスは複数のメスを囲い込んでハーレムをつくる。そのほか単独で生活する一匹シカもいる。

また、シカの繁殖には「シカ算」があると（冗談まじりに）いわれる。

ネズミやイノシシなどは、一度の出産で五〜一〇匹も産む。だから「ネズミ算」といわれる。一方でシカの出産はたいてい一頭。ならばそんなに増えないように思える。だが初産年齢は生後一六カ月、つまり約一歳で発情して二年目から毎年子を産む。そして、二歳以上のメスジカの九割が妊娠するそうだ。寿命はオスが一〇～一二年、メスが一五～二〇年とされるが、仮に二〇年生きるメスの場合、単純計算では一八頭の子どもを産むことになる。その半分がメスと仮定すると九頭が二年目から子どもを産む。その孫シカの半分が二年経つとまた出産する。子、孫、曾孫、ヤシャ孫……が産む数を計算していくと、一頭のメスが生きている間に何頭の子孫をつくるだろうか。実際の観察では、年間増加率は一五～二〇％に達し、四～五年で個体数が倍増する計算になる。これが「シカ算」である。

かつて野生のシカを見つけると貴重な経験だと興奮したが、いまや珍しくもなくなった。シカも人に気づいてもすぐに逃げない。もはや全国の山が奈良公園化しているのだ。

ところで、かつて獣害の主役はニホンカモシカだった。カモシカはウシ科でありシカとはまったく違う動物だが、食性はシカと似ている。足跡や糞の形状もそっくりだ。

一時は絶滅寸前となって特別天然記念物に指定されたが、こちらも近年は数が回復してきた。また高山にしか棲まないように思われていたが、今では生息域を広げて低山や農地でも目撃例がある。もしかしたら、シカが食べたとされる被害も、カモシカが犯人（獣）である可能性があるだろう。

コンビニ前にたむろするイノシシ

神戸では、夜になるとコンビニにイノシシが買い物に来る。……冗談ぽく語られるが、あながち嘘ではない。コンビニの周りにイノシシが普通にいるのだ。夜間、住宅街をイノシシが走ることも珍しくないそうだ。異人館通りで知られる繁華街にも出没している。また川岸を伝って海岸まで進出した例もある。

そんな話を神戸の友人としていたのは何年前だったか。すぐに他人事ではなくなった。私の住む町にも出たのだ。夕方、同じ町に住む友人から電話があり「今、家の前にイノシシがいる！」と悲鳴に近い報告を受けた。私はすぐカメラを持って家を飛び出して駆けつけた。残念ながら（?）イノシシはすでに去っていた。

我が家は大阪と奈良との県境にある生駒山の麓にあるが、一応駅前には百貨店もあり、人通りもそこそこある街である。そして私の住むのはニュータウンの一角。しかし、イノシシの出没は珍しい話ではない。今では生駒市全域でイノシシが見られるようになった。

市がイノシシを捕獲しようと設置した箱罠も各地で見かける。

だが、効果が上がっているように見えない。住宅街からほんのわずか山に分け入ると、足跡はもちろん、水辺にはぬた場（イノシシが泥を身体にぬりたくる場所）がそこかしこに見つかる。そして糞も珍しくない。

学生時代、山道を歩いていて、イノシシの足跡を発見して興奮したことがなつかしい。今では興奮するどころか「またあった」とイヤな気分になる有様だ。夜行性だとはいうものの、昼間に山林内を走る姿を目撃したこともある。ちょっと山の中腹に住んでいる人に言わせれば、「夜、車で走ったら必ず出会う」そうである。

直接姿を見なくてもイノシシが増えているのは実感する。我が家が所有する小さな山林には、毎春タケノコが出る。そこで、せっせとタケノコ掘りを楽しむのだが、ある年からタケノコがほとんど取れなくなった。これまで数十本は掘れたのに、ほんの二、三本見つけたら御の字。そしてまるでトラクターを入れたように林内が荒らされているのである。イノシシの仕業だ。好物のタケノコを掘りまくり、先に食べ尽くしてしまうのである。その掘り方を見ていても、年々威力が増している。

こうした状況は、神戸と生駒だけではなく、全国で起きている。騒がれるのは都会に出

田んぼに現れたイノシシ(上)とぬた湯の足跡(下)

てきた場合だが、地方の小さな町や中山間地なら日常的なことである。

農水省の統計によると、全国のイノシシの生息数は、二〇一六年度末の中央値が約八九万頭、九〇%信用区間値の上限は一一六万頭。ただ同年の捕獲数は六二万頭だ。いくらイノシシの増加率が高いと言っても、中央値の四分の三を捕獲しているのなら、もう少し目撃例や食害も減りそうなものだ。つまり、実態はもっと多く生息しているように思える。

イノシシは、鯨偶蹄目（くじらぐうていもく）イノシシ科の一種で、全世界に分布しているが、日本では北海道を除く全地域に生息している。ニホンイノシシだけでなく、奄美・琉球列島にはリュウキュウイノシシがいる。さらに八重山諸島のグループを別亜種に分けることもある。なお、イノシシを家畜化したのがブタだが、現在のブタは多くが海外品種だろう。

ニホンイノシシの成獣は、体長一メートルを超え、体重も七〇キロ級が珍しくない。リュウキュウイノシシは若干小さい。日本では「猛獣」の一つとされている。

雑食性だが、普段はほとんど植物性のものを食べる。植物の根や地下茎、ドングリなどの果実、タケノコ、キノコなどだ。動物質は、昆虫やミミズ、サワガニ、ヘビなどを食べるとされる。鳥やイヌなどの大型動物を食べた報告もある。

寿命は長くて一〇年程度とされるが、幼少期は体毛が縞模様に生えてシマウリに似ているので、ウリ坊と呼ぶ。そして性成熟は一年半ほどで、通常春先に平均四・五頭の子を出産する。また秋にも出産することがある。

ずんぐりむっくりの姿で「猪突猛進」という言葉もあるが、鮮やかに方向転換を行えて小回りも利く。それ以上に運動能力は非常に高い。走れば人よりはるかに速く、高さ一二一センチのバーを助走なしに跳び越えた実験例がある。鼻先を使って地面を掘ることにも長けている。だから高い柵を築いても飛び越えるか、その下を掘って抜けてしまう。知能も高く、建築物の形状をすぐに把握して、それに応じた行動をとる。袋小路に追い詰めたつもりでも、臨機応変に逃げ出すそうだ。また、飼育したイノシシには芸も仕込めるという。

また、意外なようだが泳ぎも上手い。川どころか海も渡る。何キロも泳げるようだ。イノシシがいなかった瀬戸内海などの島にも近年イノシシが生息し始めた例がある。当初は人が持ち込んだのかと疑われたが、海を泳ぐイノシシの目撃例が相次いで、泳いで渡ることが確認された。

そんなイノシシによる獣害は、昔から発生している。農作物の食害が大きいものの、人身事故などさまざまな被害がある。イノシシが人にぶつかればはね飛ばされるし、鋭い牙に肉体を裂かれることもある。社会インフラの損壊も甚大だ。たとえば公園やゴルフ場などの芝生を掘り返して台無しにする。河川堤防を掘り返すこともあって、降雨時に決壊しないか心配されている地区もある。

また、体表には多くのダニ、ノミ、ヒルなどを付着させているので、それらを市街地に運ぶ役割を果たす。さらに感染症にも注意が必要だ。日本のイノシシは、高い確率で日本脳炎ウイルスに感染していると報告されている。

二〇一八年に岐阜県の養豚場で豚コレラこと豚熱（ＣＳＦ）が発生し、イノシシの感染も確認された。各地の養豚場にイノシシが媒介している可能性も高い。一匹でもブタに感染すると、近隣のすべてのブタを殺処分せざるを得なくなり養豚業が壊滅する。またアフリカ豚熱（ＡＳＦ）も世界的に広がっており、これもイノシシが媒介しうる。まだ日本に感染例はないが、こちらも非常に危険な疫病だ。

このように、人間にさまざまな害をもたらす一方、イノシシは昔から狩猟対象だった。ずんぐりむっくりの体格は肉の量が多く、毛皮や骨、牙も釣り針や装身具などに利用された。毛は毛筆の材料にもなる。

江戸時代には、藩を上げてイノシシを駆除した地域が各地にある。農民を総動員して勢子として地域一帯のイノシシを追い出し、狩りをしたのだ。一日で数百から一〇〇〇頭以上仕留めた記録もある。これらは、農作物被害に苦しむ農民の要請で行われるが、武士にとっては軍事演習を兼ねていた。対馬藩のように完全に駆除してイノシシが生息しなくなった島もある。

実は、私の住む町近くの生駒山でも、以前はイノシシが生息していなかったらしい。一九六〇年代に編纂された『生駒市史』に、イノシシは生息しないと記されている。ただ山腹の棚田地帯には江戸時代からシシ垣が多く築かれてきた。イノシシが農地に侵入しないように石垣を築いたのだろう。集落ごとに農地を囲むように二メートル近くの高さがあったらしい。つまり、過去にイノシシが生息していたのは間違いない。それがある時期から姿を消すのである。

シシ垣も現在は見られない。戦後、ほとんどが取り壊された。高度経済成長時代に、庭石としてシシ垣に積んだ石が高く売れたからだそうだ。生駒石と呼ばれるハンレイ岩の一種は非常に硬く、風化すると黒く染まり、それが庭石や住宅周辺の石垣として人気だったのだ。イノシシがいなくて無用となったシシ垣を崩して石を売ったのだろう。

ところが一九九〇年代には、再びイノシシの目撃例とともに農作物被害が目立ち始める。「シシ垣があったら」と悔やんでも仕方ない。

なぜイノシシは復活したのか。どこかに生き残っていたイノシシが増殖したのか、あるいは生駒山系とつながる山筋を伝って外部から侵入したイノシシが増えたのか。人が持ち込んだ可能性もないではない。実は私も「吉野で捕獲した」イノシシが飼われているところを見たことがある。

いずれにしても、一度は人里から追放したイノシシが、再び人の居住圏内に進出しているのである。

寝たふりできないクマの激増ぶり

二〇一九年の真夏、私は群馬県みなかみ町の天然林を案内されていた。ちょっと天候が微妙で、森全体が霧に包まれた森を歩いた。景色は幻想的で美しい。

道は軽トラが入れる幅だが、土道だ。ゆるい登りから下りになりかけたとき、私の前を進んでいた案内人が、いきなりきびすを返した。

「クマ、もどる」と短く言う。

私は、一瞬頭の中でクマという単語を咀嚼して、思わずカメラを手に前に突進しかけた。そして、気づいた。「いや、逃げなくては」と。

一〇〇メートルぐらいもどって一息つく。どんな状況だったのか聞くと、道の真ん中にクマがいたという。多分道を横切ろうとしていたのだろう、とのことだが、距離にして十メートルぐらいしか離れていなかったらしい。道が登りきって下ったところだったから直前まで見えなかったのだ。

鉢合わせしたら危険極まりない。逃げてよかったんだ、と思いつつ、私自身はクマの姿を見ていないことに悔いが残った……。もっとも、そんな立ち話をしている場所の足元には、あきらかに新しいクマの足跡があった……。

みなかみ町では、クマの出没が相次いでいる。森だけでなく田畑でも見かけるそうだ。先に見つけて避けたら大丈夫というが、人身被害も出ており駆除も行われている。

クマを目撃したことはこれまでも幾度かある。車の中から道路を渡るクマを目撃したり、谷を挟んだ向かいの山の斜面に発見したりした。いずれも恐怖は感じなかったが、今回ばかりは、一歩間違えると危なかった。

害獣としてシカ、イノシシに次いで問題となるのがクマである。日本にクマは二種類いる。北海道のヒグマと本州と四国のツキノワグマである。九州もツキノワグマが生息していたが、現在は絶滅したとされている。

ツキノワグマ（別名アジアクロクマ）は、平均的な個体で体長（頭から尻まで）一一〇〜一三〇センチ、体重はオスが八〇キロ、メスが五〇キロ程度。ただ個体差や季節の変動が大きい。この数字だけなら人間より小さめであるが、立ち上がると成人並の身長になるし、噛みつかれたりパンチをあびたりしたら重傷もしくは死亡も避けられない。そして走れば時速五〇キロぐらいは出るとされ、人間の足で逃げるのは不可能だろう。

一方のヒグマは、体長が二〇〇〜二三〇センチ、体重は一五〇〜二五〇キロと圧倒的に大きい。日本で最大・最強の猛獣と言ってよいだろう。

食性は、両者とも雑食性だが、普段はほとんど植物性のようだ。若葉のほか果実を好み、ドングリなどブナの実の豊凶がクマの出没に大きく影響する。ただ魚や昆虫、そして肉も好む。最近は駆除されたシカやイノシシを食べていた報告が増えている。ハンターが駆除した死骸は、たいていその場に残されるか埋められる。クマがそれを掘り起こして食べるのだ。生きたシカなどを襲って食べるケースもある。

長い間、クマは増えていない、いや減っているといわれてきた。四国には一〇頭ぐらいしか生息していないとされ、絶滅も心配された。本州も、各地で生息域が縮小し、孤立が進んでいると懸念されていた。そこで狩猟禁止の地域も多く設けられた。

私も、以前はクマが増える要素がないと思っていた。大型で餌も大量にいるのに実をつける広葉樹は減っているし、冬眠には樹洞のある大木などが必要だが、そうした大木は伐採が進んでいたからだ。

しかし二一世紀を迎えた頃から、人里にツキノワグマが出没するケースが増え出した。姿を見せるだけでなく、農作物を荒らすだけでもなく、出くわした人間に危害を加えるようになってきた。ツキノワグマだけではない。北海道では、近年ヒグマの出没が激増しており、ときに札幌市の住宅街にまで姿を現して問題となっている。

とくに戦慄させられたのは、二〇一六年の五月から六月にかけて秋田県で起きた襲撃事件だろう。出会い頭ではなく、クマが積極的に人を襲ったのだ。しかも連続して。最終的には四人が死亡、四人が重軽傷、そして五人が撃退できたという。狙われたのは、タケノコ掘りなどで山林に入っていた地元の人たちだ。

出動したハンターは、被害者の遺体近くで体長約一三〇センチ、体重約八〇キロのクマを射殺した。しかし、その後も被害は出たから、ほかにも人を襲うクマはいるのだろう。

このように、農作物被害も増えているし、怪我人も多数出るようになった。活動範囲も広がっているようだ。これまでいないとされた近接地域に出没が見られるようになり、孤立しているとはいえなくなった。

クマを追いかけている研究者や写真家、さらに山里に住む人、林業に従事して山に入る人などは、「クマはあきらかに増えている」と語る。野生動物の通り道に仕掛けた無人カメラなどには大量のクマが写るうえ、足跡や糞、「クマ棚」と呼ばれる寝床跡などがたくさん発見されている。そしてクマ自体の目撃例が増えているのは、冒頭の経験のとおりだ。


ツキノワグマの生息数は、一九九二年には八四〇〇頭から一万二六〇〇頭と推定されていた。しかし、二〇一〇年の推定は一万三〇〇〇頭〜三万頭（環境省生物多様性センター）になっている。ヒグマの推定数は一九九〇年代で二〇〇〇頭〜三〇〇〇頭。それが二〇一四年には一万六〇〇頭プラスマイナス六七〇〇頭（北海道ヒグマ管理計画）という数字になっている。二〇年間で二倍以上になったと想像できる。

ただ生息数の推定はほかの野生動物と同じく至難の業だ。とくにクマのような広い範囲

ツキノワグマは木登りも上手い

を遊動する動物は非常に難しい。たいてい狩猟や有害獣駆除で捕獲された数、また足跡や糞、「クマハギ」と呼ばれる樹木の皮を剥ぐ行為や、牙と爪で幹を傷つけた痕跡などから推定する。しかし、これらの方法では誤差が大きい。

そこで、最近は個体を識別する方法がとられている。まず餌の周りに有刺鉄線を張って、近寄ったクマの毛を引っかけて採取する。その毛をＤＮＡ鑑定し、個体を識別するのだ。すると意外な結果が出た。岩手県では、それまでの推定数の二倍以上になったのだ。罠に近づかない個体も相当数いるはずだから、四倍以上ではないかという意見もある。

最近はカメラトラップ法の導入も増えている。少し高いところにハチミツなどの餌を仕掛けて、それを取ろうと立ち上がったクマをセンサーで捉えて自動撮影するのだ。ツキノワグマの場合は、胸の月の輪の形で個体識別できる。こうしたトラップを数多く設置して生息数を割り出すのだ。これはわりと精度が高い。

ちなみにカメラトラップ法を導入した秋田県では、毎年確認されるクマの数が増え続けている。二〇一七年の生息推定数は一〇一五頭だったが、二〇二〇年春には四四〇〇頭という数字を出している。しかも、その三年間で約一八〇〇頭を捕獲しているのだ。

同じような調査を行った京都府でも、二〇〇二年の三〇〇頭から二〇一八年の一四〇〇頭まで増えていた。それまで「絶滅危惧種」指定だったが、もはや外された。

ツキノワグマは毎年一〇〇〇頭以上、多い年では五〇〇〇頭以上も捕獲され、その大半が殺処分されている。ヒグマの駆除数も毎年五〇〇頭〜八〇〇頭に達している。二〇一九年はツキノワグマは五三九八頭捕獲され、五一五三頭が殺処分された（暫定値）。いずれも人里に出てくるからやむなく退治したクマの数だ。

「クマを殺したくない」と、箱罠で捕獲して人家のない遠くの奥山まで運んで放す「奥山放獣」という手段が取られたこともある。これはクマを殺さず、人的被害を減らすための策でもある。しかし、檻の扉を開けてクマを外に出す行為は危険なうえ、日本の山は奥山と言っても人家からさほど距離がない。奥山で放した個体が再び里に出てくるケースも報告されている。実際、私は山間部の〝ポツンと一軒家〟に住んでいる人が、「自分の住んでいる近くに放された」と怒った声を聞いている。そこで最近は、あまり行われないようだ。

一部の団体や個人は、「奥山の天然林が伐採されてドングリのなる木が減ったことで、飢えてクマは人里に出るのだ」と主張し、「ツキノワグマもヒグマも数を減らしている」と断言する。そして駆除に反対するだけでなく、野山にドングリを大量に撒いている。また一部の森林組合が、山にドングリのなる広葉樹を植林する計画を立てた。「山奥で餌が得られたら、里に下りてこないだろう」という発想だろう。だが、それらの活動は餌付けと同じであり、よりクマを誘引しかねない。どう考えても逆効果である。

クマはたしかに木の実、つまりドングリをよく食べる。だが、より好むのは人が育てる果樹ではないか。カキやミカン、クリなどを求めて里に出没することも多い。

ツキノワグマは九州では絶滅したようだし、四国もほんのわずかしか生息しないとされている。しかし、東北から関東、中部山岳地方、そして紀伊半島や中国地方の山間部では、あきらかに数が増えている。地域ごとに大きな違いがあるのだろう。

獣害が発生するのは、数が増えたからなのか、それとも奥山に餌がないから里の農地を狙うのか、よく議論のネタになる。以前は必死で「奥山に餌がない」と主張する学者も多かった。しかし、今では「増えている」ことを否定する人は少ない。

クマは人を襲うこともあるだけに、生息数は多い前提で対策を考えるべきだろう。

レジ袋片手に冷蔵庫を荒らすサル

大学の林学科の後輩に、家が林家で、林業を継ぐつもりだという男がいた。木材生産だけではなく原木シイタケ栽培にも取り組んでいるらしい。

ところが、彼に久しぶりに会ったときに、「林業は諦めた」と聞かされた。食っていけないというのだ。木材価格の下落もあるが、シイタケが荒らされることも理由だという。犯人はサルである。サルがほだ木から顔を出したシイタケをむしるのだ。それも食べるだけでなく、むしって捨てる分も多いらしい。遊び半分なのか。そこで棒を持って追いかけていたが、限界を感じてとうとう廃業したという。

また奈良県の山村で、サルが人家に侵入し、冷蔵庫の中の食べ物をレジ袋に詰めて盗

林道の上から人をながめるニホンザル

むという話を聞いた。「いくらなんでも……」とは思うが、たしかにレジ袋を持って逃げるサルを見かけたそうである。最初からレジ袋に入れたまま冷蔵庫にしまっていた食料品を持ち出したのかもしれないが、知能の高さゆえの疑いである。

野生動物に興味を持ったきっかけが、ボルネオのオランウータンだっただけに、私はニホンザルにも興味があった。学生時代にサルを見ようと思えば、餌付けされたサルのいる野猿公苑に行くのが常套手段だった。しかし、現在では本当の野生ザルを見るのも、そんなに難しくない。私も林道を車で走っていて、何度もサルに遭遇している。群が林道を横切ろうとゾロゾロと歩いていて、ボンネットの前を気にすることなく横断したこともある。金網が張られた林道の急な斜面にサルがいて、車を上から目線で眺めていることもあった。もっとも近いときでは二メートルも離れていなかっただろう。そんなときは車の窓をしっかり締める。開けた窓からサルが車内に侵入してきたという話もあるのだ。ニホンザルの攻撃力は、鋭い牙と自在に動く手足とその腕力で、猛獣並だ。

また、私の住む町に姿を現したこともある。生駒山系には、もともとサルはいないのだが、近年目撃例が相次いでいるのだ。最初は生駒山の南部から、徐々に北上した。一匹だけなので離れザルかもしれない。紀伊半島にはサルが多いから、渡ってきたのだろうか。その後、生駒山北部の自然公園に棲みついたと聞く。

ニホンザルは、霊長目オナガザル科マカク属で本州、四国、九州に生息する固有種である。また屋久島にも亜種に当たるヤクザル（ヤクシマザル）がいる。青森県下北半島に棲むニホンザルは、雪中で暮らし、世界でもっとも北に棲む霊長類（人間を除く）として知られる。そのためか英語では「スノーモンキー」とも呼ばれる。基本的に群をつくるが、大きくなると分裂する。そして新天地を探して移動するようだ。日本の学者による詳細な生態調査が行われており、その成果はサル学研究として世界に誇るべきものだろう。

　このように、ニホンザルは世界的にもなかなか貴重なサル類である。日本人も、昔から人に似ていることから特別な扱いをしてきたようだ。庚申塚（塔）の信仰の対象（申はサルを指す）になるほか、昔話や絵画の題材にもよく登場している。知能も高いことから、そのほかの動物とは違うと感じていたのだろう。

　ただし、同時にサルは戦前まで食用や薬用として狩猟の対象にもなっていた。クマの胆は有名だが、サルの胆も薬とされていたのである。そのため、明治以降は西洋式の銃の普及とともに多くが狩られ、頭数を減らしたようである。ところが戦後は非狩猟獣に指定されたためか、一転して増えたと見られる。

　では、全国的な生息数はどれぐらいだろうか。残念ながら詳細な調査は行われていない。ただ農作物被害対策としての駆除数は、一九六〇年代が数百頭だったのに対し、二〇一〇年代以降は二万頭前後に膨れ上がっている。やはり生息しているのは数十万頭、もしかしたら百万頭近くいるかもしれない。

　サルの知能が高いのも獣害発生に影響がある。たとえば防護柵を築いても、よく観察して破りやすい箇所を見つけ出して乗り越える。柵設置時の小さなほころびのほか、近くの木々からジャンプして入り込むこともある。人が出入りする扉の鍵をサルが開けることもあるようだ。群で行動するから、一頭が侵入方法を見つけたら、群ごと覚えてしまう。建物の二階など、まさかと思える場所の窓から家の中に侵入することもあるようだ。

また言うまでもないが、木登りが得意なので、イノシシやシカでは届かない高みにある果樹も取る。宮城県の金華山（島）では、サルが木に登って枝を垂らしたり、枝を折ったりして落とすことで、シカが餌を得ている現象もあるらしい。サルには異種に協力的な面もあるようだ。

人に似ていることもあって、本格的な駆除がしにくい面もある。殺すのが忍びない気分になるのだろう。捕まえると、手を合わせて（助けてくれと）拝むという話もあって、罠にかかっても放逐してしまうケースも少なくないという。

さらに「人馴れ」問題も指摘されている。サルを追う人、追わない人を見極めて、「危害を及ぼさない」とサル側が認識すると、人がいても平気で農作物を漁る。さらに集落内に入り込む。子どもに対しては、逆に威嚇したり襲いかかったりする。定期的に銃声を響かせる仕掛けを置いても、当初は効果があるものの、しばらくすると弾が飛んでこないと見破って平気になるという。生半可な対策では追いつかないのである。

しかも、サルによる農地の被害面積は数千ヘクタールにものぼる。シカ、イノシシに次いで三番目に多く、獣害発生源としては深刻な状況である。とくに近年は、人里近くに出没する例が非常に増えている。

ラスカルは暴れん坊！ 外来動物の脅威

獣害を発生させる野生動物を哺乳類に絞って紹介してきたが、日本列島に現れた新参者にも触れておきたい。「外来種」「移入種」と呼ばれる外国産の動物だ。そのなかには爆発的に生息数を増やして獣害を発生させるケースも出てきている。

外来種の定義は、「人間の活動に伴って、それまで生息していなかった場所に持ち込まれた生き物」とされている。家畜、あるいは愛玩動物にするために持ち込まれ、逃げ出したり放逐されたりすることで野生化する。これに加えて、思いがけない侵入もある。たとえば船に忍び込んで日本に上陸する、あるいは荷物の中に入って侵入するケースだ。

もちろん、そうした種がすべて居つけるわけでなく、新環境に適応できずに死に絶える動物も多いだろう。生き延びても希少種並である。ところが、ときに条件が合う種もある。増えるだけでなく、人間社会、もしくは在来の生態系に悪影響を及ぼす場合、その種を

「侵略的外来種」と呼ぶ。

大陸産の動物には、島国日本で生息していた種類よりもたくましい種も多い。とくに天敵がいないと、増加を抑えるストッパーがない。加えて、繁殖力や攻撃力が在来種に勝っており、故郷と違う環境に適応できれば、生存競争に勝ち残ることも可能だ。そして在来動物の餌となる動植物を食べ尽くして餌不足に陥らせたり、農林畜産物に被害を与えたりすることもある。

最近大きな被害を与えている外来種に、アライグマがいる。

北米原産のアライグマは、食肉目アライグマ科に属する。一九七〇年代に放送されたテレビアニメ『あらいぐまラスカル』の影響で、かわいくてペットになると信じられて盛んに輸入された。ところが本物のアライグマは、人になつかず凶暴で、とても素人の飼えるような動物ではない。飼っても面白みがなく、野に放してしまうケースが続出した。

日本の自然は、彼らにとって棲みやすかったらしい。アライグマは水辺を好むが、森林、湿地、そして農地や市街地でも適応して生息できる。原産地では樹上を住処とするとされてきたが、日本では家屋などの天井裏に棲みつくケースも知られている。

アライグマは、雑食性だ。農作物はもちろん、昆虫、魚、両生類に哺乳類まで食べる。

凶暴な外来種、アライグマ

また家畜飼料も食い荒らす。ニワトリを襲い、養魚場の魚も捕食する。あまり知られていないが、猟犬すらかみ殺す。飼いネコも獲物とするし、人間も襲われて重傷を負うことがある。さらに乳牛の乳首を噛み切るような被害も出ている。民家や社寺に侵入し、天井裏で糞尿を溜め、建造物や美術工芸品を傷つける例もある。さらにダニの媒介や、狂犬病を持ち込む可能性も心配されている。

しかも、多産である。一度の出産で五頭前後の子どもを産む。猛獣でありながらネズミ算式に増える非常に厄介な動物だ。

野生化の初期に放置されたため、アラ

イグマは気づいたら全国に広がっていた。一九九〇年代の生息域は北海道や愛知県だけだったが、二〇一八年の環境省の調査によると、アライグマの生息情報がなかったのは、秋田、高知、沖縄の三県だけだ。生息地域は、ここ一〇年で三倍近くに広がったという。駆除も行われているが、毎年数万頭も捕獲しているのに減少の気配は見えない。

全国的な生息数の調査は行われていないが、千葉県の調査では二〇〇九年に約一万頭とされた。おそらく全国で数十万頭は生息しているだろう。

農作物被害は二〇〇三年で一億円弱だったが、二〇一二年には約三億円を超えている。そのほか人的被害も増えてきた。今後、アライグマの猛威がどこまで広がるか、注視する必要があるだろう。なお、今では持ち込み・飼育が規制され、駆除が推奨される特定外来種に指定されている。

アライグマのほか、ハクビシンも増えている。鼻筋に白い線が入っているのが特徴だ。食肉目ジャコウネコ科ハクビシン属の動物だが、いつ日本に渡ってきたのかははっきりしない。戦争中（一九四三年）に静岡県で捕獲されたのが最初だが、江戸時代に描かれた動物図に似たもの（雷獣）があるほか、明治時代にも目撃例がある。一時は長野県の天然記念物に指定されていた。しかし、次第に生息域を広げていき、同時に獣害も目立つようになった。農作物を荒らすほか、人家の天井裏に棲みつく。

そして、ミンクも増殖中だ。北アメリカ原産の食肉目イタチ科の動物で、毛皮目当てに輸入されて繁殖したが、逃げ出すか放逐されたものが野生化している。主に北海道の海岸や水辺に分布している。非常に攻撃性が強く、水鳥を襲うほか、哺乳類や甲殻類など幅広く食す。

聞きなれないかもしれないが、ヌートリアも増えている。南アメリカ原産の水辺に棲む巨大ネズミである。頭胴長が四〇〜六〇センチ、尻尾が三〇センチ以上あり、体重は五〜一〇キログラムになる大型齧歯類だ。絶滅したとされるニホンカワウソを見かけたという声がときたま出るが、ほとんどがヌートリアの見間違いだろう。全国の河川・湖沼に増殖中である。もともと軍服用の毛皮を得るために輸入されたが、逃げ出したか野に放たれたらしい。戦後も毛皮ブームに乗って輸入された。雑食性だが、水草のほか巻き貝を食べる。農作物も狙う。アライグマとともに世界中で問題化しており、特定外来種にも指定された。

よく似た外来種には北アメリカ原産のマスクラットがいる。こちらも巨大ネズミだが、東京都の江戸川周辺だけに生息する。ヌートリアほど繁殖力がないらしく、分布は広がっていないが、こちらも特定外来種の指定を受けている。

中国原産のホエジカ科のキョンも危険な外来種だ。小型のシカだが、房総半島や伊豆半島で野生化し、森や農地を荒らして問題になっている。しかも数は数万頭に増えた。

琉球諸島（奄美諸島、沖縄など）では、食肉目マングース科のフィリピンマングースが問題だ。ハブなどの毒蛇退治を狙って安易に持ち込まれ、野外に放されたのが増殖した。だが危険なハブを捕食することは滅多になく、ほかの動物たちを餌とするようになった。そのためアマミノクロウサギやアマミトゲネズミ、ヤンバルクイナ、オキナワアオガエルなど、希少な固有種が危険にさらされている。

小動物では、タイワンリスことクリハラリスが悪名高い。日本では昭和五年以降にペットや動物園で飼われていた個体が逃げ出したり放たれたりして野生化したと思われる。台湾産だけでなく、中国産もいる。伊豆大島で大繁殖したが、すでに本州、九州各地に分布を拡大している。植物の花や種子、果実、新芽などのほか樹皮を剥いで樹液をすする。また昆虫も食べる。ニホンリスよりも餌の幅が広く、農作物や植生への影響が危惧されている。防護柵では効果がなく、銃器や罠で駆除するしかない。

意外な外来動物にはカイウサギがいる。正式名称はアナウサギだ。日本のウサギはニホンノウサギで属が違う。地中海地方が原産だが、ペット用だけでなく毛皮用や食肉用に輸入されたものが野生化した。地中に複雑な穴を掘り、草や樹皮、根をかじって樹木に被害を出す。

また、家畜のヤギも一部で野生化している。沖縄の離島のほか、小笠原諸島では無人島で増え、植生を破壊することで鳥類を圧迫するなど被害が顕在化した。アホウドリなどを襲うため、駆除が進められている。最近はヤギのミルク目当てや、草刈り用に飼育する例があるものの、逃げ出して繁殖しないように気をつけねばならない。

ほか、タイワンザルやカニクイザル、アカゲザルなども、動物園から逃げ出した個体や元ペットが一部で野生化している。ニホンザルと交配可能で雑種を生み出すことでも問題視されている。

外来動物は、哺乳類以上に魚類や爬虫類、そして無脊椎動物においても大きな問題だ。たとえば、ブラックバスやブルーギルは、すでに日本の淡水域の生態系を変えてしまった。ほかにもカダヤシはメダカを追い詰め、ソウギョ、タイリクバラタナゴも在来淡水魚に取って代わりつつある。意外なところでは、ヘラブナやコイも外来種だ。

そしてミシシッピアカミミガメ。子亀をミドリガメとして輸入し爆発的に増えた。さらにウシガエルやオオヒキガエル。アメリカザリガニ、ウチダザリガニといった甲殻類。アフリカマイマイなどの陸産巻き貝（カタツムリ）や、スクミリンゴガイなどの淡水巻き貝、ムラサキガイなどの二枚貝……。挙げ始めたら、きりがない。

もちろん、外来種すべてを否定することはできない。現在は在来種として扱う種の中にも、古代に日本に渡ってきた動植物もいるし、産業用に役立つ種も少なくない。家畜や家禽はもちろん、野菜の大半の原産地は海の向こうだ。

しかし、それらが人の栽培・飼育管理を離れて野生化したとき、生態系を乱し、獣害を発生させるのである。

第二章　破壊される自然と人間社会

鳥獣被害額は一〇〇〇億円以上？

環境省のホームページは、野生鳥獣の農林被害額をグラフにして上げている。それによると、もっとも多かった二〇一〇年が二三九億円。その後しばらく横ばいだったが、少しずつ減って、一八年は一五八億円となっている。内訳ではやはりシカが一番多くて、二番手がイノシシ、次がサル。しかしよく見ると、カラスの方がサルより多い。その他鳥類も同じぐらいあるので、鳥害も非常に深刻であることがわかる。

被害額が減少してきたのは、やはり獣害対策に力を入れてきたからだとされている。具体的には農地に柵などを築いて防備を固めた点と、害獣を捕獲して駆除する事業を推進したことだ。実際、シカやイノシシの生息数は、若干減ったことになっている。

だがこの被害額は、よく内容を見極めないと、現実と遊離している面もある。表に出ていない被害、被害額を計算していないケースが多くあるからだ。

一部の研究者は、「おそらく本当の被害額は表に出た額の五倍以上になるはず」と語る。単純計算すると、一五八億円の五倍なら八〇〇億円近いし、近年の平均的な二〇〇〇億円前後の被害額を元にすれば、一〇〇〇億円になるかもしれない。

なぜ、これほど差が出るのか。

まず、表に出るのは農林作物の被害額である。そして届け出のあったものだ。農協などの組織が情報を集めているし、保険などを適用できる場合もあるからだ。水稲共済加入農家ならば、獣害による減収の九割まで補償する「野生動物被害補償制度」もある。

ところが、それらの計算には入らない被害が少なくない。

たとえば、兼業で農業所得が低い場合や、自家用栽培や趣味的な家庭菜園の作物を食べられても、あまり被害を報告しない。保険に入っていなければ尚更だ。それに作物被害とは別の破壊もある。たとえば施設を壊されたとか、水田の畔を崩されて水が抜けてしまった場合もあるだろう。

また、それ以前に諦めが先に立って作付けを止める農家も少なくない。広い農地を全部守るのは無理だから、作付面積を減らして、自分たちの目が届く範囲の農地だけにする農家も増えている。作付面積が少なくなれば、見た目の被害は減り、被害額も少なくなる。農業自体を辞めてしまえば被害額はゼロだ。農業が衰退して農家が減れば、獣害も減るのである。

そして、被害は農業だけではない。

林業で獣害というと、まず思い浮かぶのは、植林した苗をウサギやシカ、カモシカに食べられてしまうことだ。しかし、被害にあったらすぐに確認できるとは限らない。なぜなら奥山を常に巡回しているわけではないからだ。「久しぶりに自分の山に行ってみたら、数年前に植えたスギやヒノキの苗が全部なくなっていた」という話はよくある。しかし苗がなくなっていても、食われたのがいつなのかわからない。病気で枯れた、虫にやられた可能性もあると、獣害と特定できなくなってしまう。

私も植林作業に参加したことがある。標高一〇〇〇メートル近い山に登ってスギの苗を植えた。クワで斜面に穴を掘って、背負ったザックに詰められた苗を引き抜いて穴に射し込み、土をかぶせて足で踏み込んで……と、せっせと行った。丸一日で二〇〇本以上は植えたと思う。プロからすると少ないのだろうが、それなりの達成感があった。が、約一年後に聞くと「あの山の苗は、全部シカに食われたよ」とあっさり言われた……。

精神的にもっときついのが、数十年経って収穫間近のスギやヒノキの樹皮を剥かれる被害だ。シカは冬に草などの餌が少なくなると、樹皮も食べる。スギの樹皮は少し剥がして引っ張ると、ピリピリと上の方まで剥がれる。また角を研ぐ行為も行う。幹に角をこすりつけて、角を磨くのだ。角が伸びる頃に、薄皮を剥がすためだろう。これも樹皮を剥ぎ、幹に傷がつく。

クマも夏前になると、よく樹皮剥ぎを行う。「クマハギ」という言葉もあるくらいだ。理由ははっきりしないが、夏前の樹木は樹液をよく出すから、これを舐めるためだといわれている。実際、この頃に樹皮の裏を舐めると甘いらしい。クマにとって一種の嗜好品だろうか。だから飢えているわけではなく、満腹になったら止めるわけでもなく、一頭のクマが一度に何十本ものスギやヒノキの皮を剥ぐことも珍しくない。

そのほか幹にキツツキが穴を開ける行為も、木を傷つける。皮を剥がされたり傷をつけられたりした樹木は、枯れなくても傷口からカビが繁殖して材を黒く染めてしまったり、腐らせたりすることもある。そうなると、木材としての価値はゼロだ。こうした被害は見つけても、それを事細かに報告する林業家は少ないだろう。

そもそも木材価格が下がると、獣害に遭っても被害金額は少なくなる。森林保険もあるが、対象は火災や風水害、雪害などであり、獣害や病虫害は含まれない。

なお、林業所得の中で大きな割合を占めるのは、キノコ栽培だ。これも被害に遭いやすい。シイタケやナメコなどを林内で原木栽培していると、イノシシやサル、シカなどに食われてしまうのだ。これも林家の収入減に直結する。

水産業では、養殖池などでフクロウやトビ、タカなどの猛禽類が魚などを襲う被害が出ることもある。畜産でも、畜舎に野生動物が侵入するとおおごとになる。家畜が襲われるだけでなく、病原菌を持ち込まれて、全頭処分に追い込まれるおそれもあるからだ。

ほかにも金額に換算しにくい被害は多い。たとえば車がイノシシやシカと衝突した際の車の破損は〝獣害〟か。住宅の屋根裏へ侵入され汚された被害はどうか。公共施設の破壊や公園樹木の枯損、道路の掘り返し……こうした被害も獣害と認定されるか怪しい。

いずれにしろ、本当の獣害被害額は、統計に表れる額の数倍になることは間違いない。そして被害を防ぐためのコストもかかる。防護柵を築き、見回りを欠かさない手間が必要だ。ハンターに出動してもらうと日当も発生する。それらが農林家など当事者の収入を削っていく。決して過小評価できない。

森林を草原にする知られざる破壊力

大台ヶ原は紀伊半島東部に位置する。吉野熊野国立公園の特別保護地区に指定されており、奈良南部の吉野郡川上村と上北山村、三重県の大台町にまたがる山々を指す。

標高は一六〇〇メートル前後。山腹は険しく深い谷と急峻な崖が織りなす深い森に囲まれているが、登りきると台形状でなだらかな頂部が広がっている。ドライブウェイが開通しているから気軽に訪れることができ、宿泊施設やビジターセンターもある。

この大台ヶ原、とくに東大台と呼ばれる地域では、最高峰の日出ヶ岳や正木ヶ原、牛石ヶ原などが知られるが、その魅力の一つは壮大なササ原だろう。見通しもよく、織りなす山々の向こうに伊勢湾まで見通せる大自然の風景が訪問客にも人気である。

だが、この「草原」が広がったのは、比較的最近だ。

かつての大台ヶ原は原生林に覆われていた。ブナやモミ、トウヒなどの大木による鬱蒼とした原生林に覆われていた。それが、なぜ今は草原なのか。

景観が変化したのは戦後だ。周辺の山々は天然林が伐られてスギやヒノキの人工林に変えられていくが、大台ヶ原は国立公園に指定されたため手付かずだった。そこを襲ったのが、伊勢湾台風（一九五九年）と第二室戸台風（一九六一年）である。これらの大型台風によって、多くの大木が倒れた。そのため林床が明るくなった。すると、その部分はミヤコザサやスズタケなどのササが生えるようになる。

これだけなら自然の摂理であり、時間が経てばまた樹木も育つはずだった。ところが、そのササを食べることでシカが大増殖した。ササは、シカにとって大好物の餌だ。もともと大台ヶ原にシカはあまりいなかったと想像されるが、急速に数を増やした。増えたシカは、ササだけでは餌が足りなくなり、樹木の枝葉も、樹皮も食べるようになった。落ちた種子も食べるし、種子から芽を出した稚樹も食べる。食べて食べて食べ尽くし、樹木が枯れて倒れると、より一層林床が明るくなりササや草が生える。

シカの勢いはそこで止まらなかった。ササまで食べ尽くしてしまったのだ。土がむき出しになり、裸地化すると、降雨によって土砂が流出し始める。これは、ほかの生き物の生存にも影響を与える。

草原化や裸地化の進行とシカの増減の細かなメカニズムは十分に解明されたわけではないが、大台ヶ原では台風の襲来とともにシカの生息数が激増したのは間違いない。全体数は把握しきれないが、数千頭、いや最盛期は数万頭に達していたかもしれない。

シカの食べる植物の量は、一般に一頭が一日に五〜六キロ（生葉）とされる。刈った草を両手に山積みにしても、なかなか一キロに届かない。五キロともなるといかほどか。毎日、それだけの植物を食べるわけだから、一年分はどれだけか。そして何千頭もの群が生息しているとしたら、どれほどの面積の植物が消えていくか。

また、シカは地面の草を食べるだけでなく、口の届くところの樹木の枝葉も食べる。や

伊勢湾まで見渡せる大台ヶ原の草原

がて首を伸ばして届くところまで食べてしまうため、シカの体高より低い部分の枝葉と草がなくなってしまう。それを遠目に見ると、きれいに高さの揃った面が見える。下は見通しがよいのである。この線を「ディアライン（採食ライン）」と呼ぶ。シカが引いた線なのだ。線の下で食べられるのは草だけでなく稚樹も含むため、若木がなくなってしまう。ディアラインのある森は、高木ばかりの老齢森林になりかねない。

大台ヶ原の草原化は、何も特殊な例ではない。全国各地でシカが原因と思われる森林植生の衰退が進んでいる。シカは、景観まで変えてしまう力があるのだ。二〇一八年度の野生鳥獣による森林被害面積は全国で約六〇〇〇ヘクタール。被害の七割は、シカによる枝葉や剥皮の食害である。森林が破壊されると、元と同じ植生は回復しにくい。それに土壌流出が起きると草木は生えなくなる。

草の中でもササやススキ、シバのようなイネ科植物は食害に強く、食われても株から伸び続ける。だが生長点が葉先などにある場合は、食べられるともう伸びない。さらに花を咲かせ種子を実らせる前に食べられると、子孫が残せず消えていく。一方でシカが好まない植物は残されて繁茂する傾向がある。アセビなどは食べることは少ない。そのためシカが多い地域はアセビの森ができることがある。

こうした自然の変化は、生物層へ間接的に影響をもたらす。

まず昆虫などが減少する。食草が決まっているチョウなどは、その草がないと生きていけない。また地表がむき出しになることで地面を徘徊する虫類も姿を消すだろう。さらに鳥類にも影響が出る。茂みを好む鳥類は多いからだ。

シカの採食による森林の下層植生の衰退が昆虫や鳥類に与える影響は、一九九〇年代になると各地で報告され始めた。大台ヶ原を含む紀伊半島の台高(だいこう)山脈の研究では、シカの少ない地域の針広混交林に比べて下層や中層で営巣する鳥類の種数や生息数は貧弱だという。アオバト、ウグイス、エゾムシクイ、コマドリなどが顕著に減少していたそうである。同じような事実は全国各地で確認され、発表されている。それも低地の里山林から高標高の奥山林まで幅広い。

これは日本だけではない。世界中で報告があり、温帯から亜寒帯に及ぶさまざまな森林でシカ類の増加によって下層植生の衰退が報告され、森林の下層で採餌や営巣をする鳥類の種数や生息数の減少傾向が広く認められている。

一方で枯れ木に付く虫は増え、また林内の開けた空間を利用する鳥類は増加する場合があるという。そのほかシカの糞目当ての糞虫類、オオセンチコガネなどが増えている。いずれにしろシカのような動物の増殖は、森の生態系を変える影響力を持っているのだ。

大台ヶ原では、環境省が森林環境の復元を目指してササ原や残された森にシカの防護柵を設置した。管轄は環境省と林野庁に分かれているが、両者とも柵の設置を進めている。また登山客が草原を踏み荒らして裸地化を進めないよう、木道の整備を進めた。

同時に、シカの頭数管理（という名の駆除）も行われるようになった。国立公園内で観光客もいるだけに、あまり派手に射撃はできない。そこで、罠を使うことになった。罠の種類もいろいろだが、最終的にくくり罠となった。足にかけるもののほか、首へのくくり罠も使っている。なお捕獲した個体は麻酔で安楽死させる。

おかげで、かなりシカの生息密度は落ちてきたようだ。一時は一ヘクタール当たり数十頭だったが、近年は五頭くらいまで落ちている。ただ、数を減らしても植生への悪影響を十分に防ぐところまではいっていない。減ってもシカの食欲は旺盛なのである。

檻と化した集落に閉じ込められた人々

山間の集落を訪れると、異様な風景に圧倒されることがある。

集落が柵で覆われているのだ。正確に言えば田畑を柵で囲んでいるのだが、それがまるで監獄のように見える。高さ二メートルぐらいはある金網が延々と延びている。棚田の場合、山裾に柵が建設されるため、まるで山を柵が取り囲んでいるようだ。さらに平地の農地も柵が張りめぐらされ、道路と川に沿って迷路をつくっているかのような景観になる。ときに人家までモノモノしい柵に囲まれていることもある。もはや要塞か砦である。

さらに畑の周囲を柵で囲むだけでなく、その上、つまり畑の畝(うね)の上空までネットをか

柵に囲まれた集落と農地(滋賀県)

けて完全に塞いでいる場合もある。周辺の柵は主にイノシシやシカ対策だろうが、上部を塞ぐのはカラスなどの鳥に作物を荒らされないためだろう。こうなると柵というよりは、檻だ。そして、檻の中に入るのは人間だ。農作業は檻の中で行うのである。

ちなみに農地を囲む柵は、電気柵の使用が増えている。不用意に触れたら危険だ。人体に影響のない微弱な電流と聞くが、やはり感電したくない。自作の電気柵に家庭用の電源から電流を弱める安全装置なしで配線したため、知らずに小川から近づいた親子二人を感電死させてしまった痛ましい事件も起きている。こうした柵は、もちろん違法である。だが、通常の柵では防げないからやりすぎたのだろう。
獣害対策の防護柵にも変遷がある。初期の柵は腰くらいの高さの簡易な柵だった。トタン板を並べ、針金を張っただけのものもあった。いかにも農家の自作である。これでは、イノシシは地面すれすれを掘って、くぐり抜ける穴をつくってしまう。柵を飛び越えるような害獣もいる。シカはイノシシより体高が高いため、容易に柵を飛び越えられる。そこでだんだん柵も高くなっていくが、体当たりで柵を破る害獣もいる。そこで電気柵を仕掛けるようになったわけだ。

しかし、万能ではない。イノシシは剛毛に覆われているから、電気柵に触れてもあまり電気を感じないらしい。唯一、鼻面は濡れているので触ると感電する。しかし鼻面に触るように電気柵を仕掛けるには工夫がいる。イノシシも、柵の弱点を探し出してしまう。また草が繁り、柵に触れると漏電しやすい。

住宅を柵で囲むのは、花壇や庭木が荒らされるからだという。シカは農作物でなくても植物性なら何でも食う。イノシシも油粕（あぶらかす）や鶏糞（けいふん）など有機肥料を撒いたところには、臭いに惹きつけられるのか、姿を現して掘り返す。そして植えたばかりの苗を全滅させる。またサルのように住宅の中に忍び込むケースもあるから、もはや空き巣・強盗対策と同じだ。

「鍵をかけなくても平気」と治安のよさを自慢していた田舎でも、サルの侵入を防ぐためには窓をしっかり締めて鍵をかける必要が出てきた。

近年は集落全体を防護柵で囲む対策もとられている。だが、道路や河川は封鎖できない。そこで、封鎖せずに道や河川から野生動物が入らないようにする工夫が必要となる。もっとも動物側も人の行動を観察して弱点を探している。そして侵入する可能性がある。

一方で、全然柵のない田畑も見かける。「ここにはイノシシやシカが出没しないのか」と期待したいところだが、ときとして農家の諦めの表れということもある。よく見ると、農地は荒れてあまり世話がされていない。ほんの一部に少量の野菜がつくられているだけ。広い面積を耕しても鳥獣から守りきれないからだ。防護柵の設置や罠などの対策は体力とコストがかかる。高齢化の進んだ住人は、その余裕を失っている。

こうした状況を見ていると、中山間地において獣害がもたらす最大の影響は、物理的被害以上に精神的なダメージではないかと思う。

農業は多くの場合、作付けから収穫まで数カ月～数年の期間がかかる。その間、せっせと世話を見ることで作物にも愛情が湧く。最後の収穫が最大の喜びであり、生きがいでもある。そして動物が狙うのも最後の収穫物だ。ちゃんと実るまで待って狙うのだ。待望の作物を食われた作り手のショックは大きく、次の作付け意欲まで奪われてしまう。

いわゆる限界集落と呼ばれる地域では高齢化が進んでいるが、実は食うに困らない人も多い。年金があるからだ。子どもらは町に住み仕事に就いていて、「町で一緒に暮らそう」と誘ってくれるが、親の世代は「生まれ育った村で暮らす方が楽しい」と断る。暮らしは自給自足に近くてお金もあまりかからないから年金で十分。昔からの知り合いがいたら寂しくない。だから身体が動かなくなるまで集落に住もうとするのだが……そこに必要なのが生きがいだ。それが農業であったりする。食べるものをつくって金銭的に助かるだけでなく、実は生きがいとして精神的にも田舎の暮らしを支えているのだ。

それを破壊するのが獣害である。半年間、丹精こめて育てた稲や野菜類を一晩でやられてしまえば、絶望する。しかも他人のつくった米や野菜を、金銭で買わねばならない。もしかしたら意気消沈することで病気になる確率も増えるかもしれない。

加えて凶暴なイノシシやクマ、サルの出現は、身の危険を感じさせる。最近は昼間でも出没するから、田畑を訪れたときに鉢合わせする心配もあるのだ。農地だけでなく、山に山菜を採りに行くこともできない。これでは農山村の生活が成り立たなくなる。

結果的に自ら集落を捨てることになる。仕事を奪われ、生きがいを失い、身に危険を感じては、いくら自らの故郷であっても住めない。

過疎化の原因は、子どもらの教育や就職先、農業の衰退、そして買い物や病院通いの交通の便……などいろいろある。どれも正解だが、実は直接的な村を離れるきっかけは、獣害が多いのではないかと私は想像している。村に住み続ける意欲を破壊するからだ。

ネコは猛獣！ 野生化ペットが殺す自然

本書冒頭でイヌ・ネコの野生化、つまりノイヌ・ノネコを紹介した。その獣害は、想像以上に大きい。とくにノネコは、日本だけではなく世界の侵略的外来種ワースト一〇〇に選ばれるほどだ。国内でも「我が国の生態系等に被害を及ぼすおそれのある外来種リスト」に入れられている。

このネコの害について触れておきたい。

小笠原諸島には、固有の絶滅危惧種であるアカガシラカラスバトがいる。一時期、生息数は四〇羽程度まで減っていたという。私は数十年前に森の奥でチラリと見たことがあり、絶滅危惧種を目撃できたことに感激したものだ。なぜ、こんなに激減したのか。原因はいろいろあるが、もっとも大きな理由はノネコの存在だった。

人間が持ち込んだ飼いネコが逃げ出しただけでなく、人が転勤などで島を去るときに放したケースも少なくないようだ。彼らの数は馬鹿にならず、自然界で出産もする。

ノネコが餌として狙うのが島の動物である。哺乳類はあまりいないので鳥類が多い。そのなかでもアカガシラカラスバトなどは比較的大型の獲物として襲われ続けた。

同じことは奄美諸島でも起きている。増えたノネコが食べているのは、アマミノクロウサギ、アマミトゲネズミ、ケナガネズミなど固有哺乳類のほか、アマミイシカワガエル、アマミヤマギシ、オオトラツムギ……など島に固有の爬虫類、両生類、そして鳥類である。ノネコが絶滅危惧種の生息数をさらに減らしているのは間違いない。

沖縄でも大きな被害が出ている。哺乳類ではヤエヤマオオコウモリ、オキナワトゲネズミなど、鳥類はウミガラス、ウミネコ、オオミズナギドリ、ヤンバルクイナ、ノグチゲラなど、爬虫類はオキナワキノボリトカゲ、ヘリグロヒメトカゲ……挙げ始めたらきりがない。

こうした島嶼部は、もともと生物層が貧弱だ。そこにネコという強力な外来肉食動物が侵入すると、生態系の破壊が起きてしまう。

日本には、右記のような比較的規模の大きい島嶼のネコ問題とは別に「猫島」と呼ばれる、ネコが住民より多いような小島が二〇ばかりあるという。なかにはネコ目当ての来訪者が増えて観光地化している島もあるが、そんな島のネコもノラネコとノネコの間にある。島の生態系に与える影響は読みきれない。

ネコがほかのペットと違うのは、飼育されても野生を失っていない点だと紹介した。その点を「ネコは人に馴らされたのではなく、人を馴らした」と説明する人もいる。人がネコを馴らそうと努力したのではなく、ネコから人間社会にすり寄り、一緒に暮らすことを受容させたというのだ。想像できるのは、集落の倉庫に穀物など食料を貯蔵したら、ネズミが多く出没するようになり、それを狙ってネコが集落に近づいたケースだろう。人もネズミを獲ってくれるネコを大事にした（人がネコになついた）……という仮説である。

人はネコと共生するようになった。ネコは人に依存するのではなく、人を利用して餌を確保することを覚えた。そのため野生を失わなかった。また人間もそれをよしとした。

しかしネコが生態系へ与える影響は、世界的な問題となっている。ネコの習性に関する研究は数多いが、『ネコ・かわいい殺し屋』（築地書館）によると、アメリカで行われた実験で七〇頭の飼いネコが一年間に家に持ち帰る獲物の数は計一〇九〇個体にもなったという。哺乳類が五三五匹、鳥類が二九七羽だった。哺乳類の多くは増殖しやすいネズミ類だったが、鳥類への影響は深刻だ。この本では、全米には控えめに見て四四〇〇万頭の飼いネコがいて、全土で年間一〇億羽を超える野鳥がネコに殺されていると推定した。これに加えてノラネコ、ノネコもいるから、ネコに殺されている獲物の数は、その数倍になるのではないかという。

ノースカロライナ州立大学とノースカロライナ自然科学博物館の研究チームは、世界六カ国（アメリカ・イギリス・オーストラリア・ニュージーランドなど）で九二五匹の放し飼いしているネコにGPS装置を装着してネコの行動範囲を調べた。その結果、ほとんどの個体の行動範囲は、飼われている家から半径一〇〇メートル以内だった。そして獲物を月に平均三・五匹持って帰った。それがすべての獲物ではないから、実際の獲物の数はもっと多いはずだ。そして「ペットのネコ一匹が一年間に捕獲するのは、一ヘクタール当たりネズミ一四・二〜三八・九匹相当の野生動物」と算出した。これは相当な狩猟能力である。この狭い範囲でこれほど多くの獲物を獲っていたのだ。そして「ネコが殺している野生動物は、北米だけで年間一〇〇〜三〇〇億匹にのぼる」と推定した。放し飼いネコの地域の生態系に与える影響力の大きさを示したと言えるだろう。

オーストラリアのネコが、多くの野生動物を絶滅に追いやっていることを示した論文も発表されている（二〇一九年）。政府は、二〇一五年にノネコが原因で絶滅の危機にさらされている動物として一〇〇種以上の哺乳類、三〇種以上の鳥類を発表したうえで、二〇〇万頭のネコ駆除計画を発表している。

ただしネコの駆除には、過剰な反応をする人間が多いことは先にも記した。獣害対策として多くの動物が駆除されているが、ネコに対しては拒否反応が大きく出る。

本節冒頭に紹介した小笠原諸島では、ノネコの捕獲を進めている。すでに一〇〇〇頭を超えるネコを捕獲したが、それらは本土に送って、東京獣医師会が引き取っている。そして里親を探す。手間もコストもかかるが、「ネコのためなら」と献身する人が多い。

奄美諸島でもネコの駆除計画で激烈な反対運動が起き、捕獲後の里親探しが行われている。同じ奄美の動物を獲物とする外来種マングースの駆除には文句は出ないのに……。

もう少し穏やかな方法として、ネコを捕獲して不妊手術を施すことで、生息数を減らそうとする活動もある。捕らえて（trap）、不妊化し（neuter）、再び放つ（return）の頭文字で「TNR」と表現される。

だが再放逐するのだ。放されたネコは再び狩りを行うだろう。そもそも不妊手術によってノネコが減ったというデータはない。不妊による増加抑制以上に捨てネコと繁殖数が多いようだ。計算上は、不妊化実施率が生息数の七一～九一％にならなければ、個体数減につながらない。必要経費も大きく、この方法で成功を収めるのは極めて難しいだろう。

コロナ禍は獣害！人獣共通感染症の恐怖

二〇二〇年、世界は新型コロナウイルスが引き起こす肺炎によって、大恐慌に陥った。そして、まだ終息していない。

正確には、前年の秋から中国の武漢市で新しい疫病が広がっている噂はあったが、その脅威は十分に認識されず世界は安穏としていた。中国政府もひた隠しにして、そのうち鎮静化するのを願っていたのだろう。だが新型コロナウイルスは、想像以上の感染力を持っており、世界中に肺炎を蔓延させてしまった。

このウイルス感染症は「COVID-19」と名付けられた。新型コロナウイルスの正式名称は、「SARS-CoV-2」だ。コロナウイルスそのものは従来から知られていたが、変異したため従来の治療法やワクチンは効かず、人類は免疫を持たないためパンデミック（世界的な感染爆発）を引き起こしてしまったのだ。感染源は確定していないが、コウモリだろうといわれている。そしてほかの動物、たとえばセンザンコウを介して人に広がったらしい。

二〇〇三年に流行し、多くの死者を出した重症急性呼吸器症候群（ＳＡＲＳ）、さらに二〇一二年の中東呼吸器症候群（ＭＥＲＳ）もコロナウイルスの仲間が引き起こした感染症だ。ＳＡＲＳはキクガシラコウモリの持っていたウイルスが、ハクビシンを介して人間に感染したとされる。ＭＥＲＳも宿主はコウモリらしいが、そこからヒトコブラクダを介して人間へうつったようだ。

感染症には野生動物起源のものが多い。鳥インフルエンザは一九九七年に人に直接感染するものが現れて、新たな人間のインフルエンザ（Ａ／Ｈ１Ｎ１）となった。二〇〇九年にはこの新型インフルエンザが世界的流行となり、今も各地で季節ごとに発症し続けている。二〇一四年にアフリカを中心に大流行したエボラ出血熱も、エボラウイルスがコウモリから人へうつり、さらに人から人へ感染するようになった。西アフリカのマコナ地区で一人に感染したエボラウイルスが変異して、人間への感染性を四倍も高めたことがわかっている。患者に触れるだけでうつる強力な感染力と、その致死率の高さ（約五〇％）で脅威となった。

またエイズも、サルの持っていたウイルスが突然変異によって人への感染性を獲得し、ヒト免疫不全ウイルス（ＨＩＶ）になったと考えられている。

そして世界史上最大級の被害を出したといわれるペストは、ネズミ、イヌ、ネコなどが宿主で、ノミを媒介して人に感染するようになった疫病である。一四世紀に起きた大流行では、世界で約一億人、当時の人口の二二％が亡くなったという推定もある。

動物からのウイルス感染では、狂犬病や日本脳炎、西ナイル熱などもある。細菌では、結核もウシとともに人が感染する。ネコひっかき病、野兎病、ライム病、ブルセラ病……これらはペットのイヌやネコが媒介する。さらにリケッチアによるＱ熱、日本紅斑熱、つつがむし病なども有名だ。

通常、野生動物の持つウイルスや細菌は人類にはうつらないものだが、ときとして突然変異を起こして人類に感染するようになる。とくに哺乳類が持つウイルスや細菌は、人にもうつりやすい。体内の細胞や遺伝子などに共通点があるほか、生理的なシステムなども似通っているからだろう。

ただ、これらの病原体が人間にうつったら、すぐに人間社会で大流行するわけではない。たいていの場合、感染してもほぼ無害なのだ。しかし人体の中で変異を続け、強力な感染力と毒性を持つケースがある。そして今回のような大感染症を引き起こす。

いずれにしろ野生動物がもたらす害という意味で、これも獣害と呼べるだろう。それも膨大な人の生死を左右し、世界経済を壊滅させかねない獣害である。

こうした動物が持っていた病原体が人間にうつって起こる疫病を、人獣共通感染症とか動物由来感染症などと呼ぶ。英語では「ズーノーシス（zoonosis）」である。世界保健機関（WHO）がこれまでに確認したズーノーシスは約一五〇種に及ぶ。すべての感染症の五八％がズーノーシスで、その三分の二以上が野生動物に由来する。


なぜ野生動物の持つ病原体が、人間にうつったのか。いうまでもなく、両者が接触したからだ。では、どんな接触の仕方があるのか。

一つは、人間が動物を飼育する場合だ。家畜に人が接触することで、家畜の病原体が飼育者にうつり、さらに周辺の人々へと広がっていく。ただし牧畜の歴史は長く、家畜からの感染症は、かなり抑え込むことができるようになった。飼育することで管理が行き届きやすいからである。

そこで問題となるのが野生動物の捕獲だ。まずハンターなど少数の人が触れ、流通の過程でその獲物に触れる人が出て、最終的に食べる、あるいは毛皮や角を加工して利用する。飼育する場合もあるが、そうした過程で多くの人が触れてしまうのだ。

たとえばSARSは、中国の野生動物市場で取引されたハクビシンから人に感染したといわれている。野生動物が恒常的に取引される市場があり、そこで食肉などに加工され売買される過程で、人と接触した。しかも市場には広い地域から多くの人が集まるため、感染を広げる場になりうる。今回の新型コロナウイルスも同じ疑いがかけられている。コウモリからセンザンコウにうつり、そのセンザンコウを食肉のほか、ウロコを漢方薬にし、皮革(ひかく)を利用する過程で人に感染した可能性だ。

もう一つ、ペットも大きな感染源になる。とくに心配なのはネコだ。つながれるか囲われて飼われるイヌやウサギなどと違って野外を自由に徘徊するネコは、多くの病原体をほかの動物からもらって身につけやすい。ネコ同士の感染も頻繁だ。たとえばネコエイズやネコ白血病なども放し飼いによって広がっている。それらが何かのきっかけで人にもうつるように変異するかもしれない。

新型コロナウイルスは、飼いネコにも感染例が出ている。東京大学医科学研究所のチームは、人間の患者から分離したウイルスをネコに接種し感染させた。その後、感染したネコとそうでないネコのペアを同居させたところ、すべてのペアで感染を確認したという。ネコの間で簡単に感染伝播するのだ。アメリカのニューヨーク市の動物園では、トラやライオンなどネコ科動物の感染報告がある。イヌにもうつる。香港で新型コロナウイルスに感染した女性の飼い犬からウイルスが検出されて死んだ。日本でも、八月に感染した人の飼っていたイヌ二匹からウイルスが検出された。幸いネコやイヌから人への感染は確認されていないが、媒介する可能性もないとは言えない。ほかにオランダやスペインではミンクにうつったケースが見つかっている。

日本では野生動物がこれほど増加しているのだから、ズーノーシスの心配も高まっている。また、感染で恐ろしいのは細菌やウイルス、リケッチアだけではない。より身近で危険性の高いのは、山のヒルやノミ、ダニなどを人里に運ばれることだ。これまで山野にいたこれらの害虫が、野生動物の身体について人の近くに忍び寄る。人につくと単に痒い思いをさせるだけではない。

ダニはQ熱、日本紅斑熱、ライム病などの感染源になると知られているが、なかでも恐いのは重症熱性血小板減少症候群（SFTS）だ。極めて致死率の高い（一五～二五％）

危険な病気で、二〇一九年には過去最高の一〇二件の感染者が報告された。やはり野生動物が人里に出没することで、マダニが人につく機会が増えたからだろう。

なおSFTSはマダニに刺されるだけでなく、ネコから直接人に感染する例も報告されている。二〇一六年にノネコに咬まれた西日本の女性が、SFTSで死亡した。二〇一八年にも広島の獣医がネコから感染している。

最近では、シカやイノシシの肉が「ジビエ」として広がっている。野生動物を食肉化するための解体などの処理時に感染するのも心配だが、恐いのは生肉だ。肉には多くのウイルス、細菌が付着している。残念ながら「シカ肉は刺身がイチバン」という声がまだある。平気で販売されるだけでなく、レストランでも供されるケースがあるが、極めて危険だ。シカ肉からE型肝炎ウイルスに感染した例があるうえ、サルモネラ菌や寄生虫、O157大腸菌による食中毒も起きている。

人と野生動物の接触が増えることで、これまで人に感染したことのない病原体が突然うつるようになるかもしれない。さらに体内で変異して毒性を強めるかもしれない。それが全世界に広がり、新たなパンデミックを引き起こせば、それこそ最大の獣害となるだろう。

第三章

野生動物が増えた本当の理由

国が野生動物を保護した時代

なぜ、獣害が増えたのか。その点を考える前に、かつて獣害がほとんど出ない時代があったことを思い出していただきたい。

それは「野生動物が希少だった時代」と言った方がよいかもしれない。実際、昔はシカやカモシカ、そのほか多くの動物の姿を見るのは難しく、生息数の推定でも危機的状況にあり、このままでは絶滅してしまうと思われていた。序章で紹介した『追われる「けもの」たち』のように、一九七〇年代の関係者の認識では、野生動物の生息環境は悪化の一途であり、今後の生存については悲観的な論調で満ちていた。

だからこそ、というべきかもしれないが、国も保護を強化した。

なかでも強い保護策が取られたのが、現在もっとも激しい獣害を出すシカである。そこで、シカを通して戦後の野生動物の保護と駆除の変遷を見てみよう。

まずシカは、明治以降に厳しい保護制度がつくられている。とくに対象となったのは北海道のエゾシカである。まず一八七八年にエゾシカ猟の一部規制、さらに全面禁猟（一八九〇年）措置がとられた。当時はエゾシカの絶滅が心配されたのである。

エゾシカがそこまで減少したのは、当時は狩猟が非常に盛んだったからである。一八七九年三月二六日の函館新聞には、釧路周辺だけで一〇万頭を獲ったと記されている。これは前年度か、数年間の記録かわからない。当時はエゾシカ肉が缶詰にされて海外輸出されていたことも影響しているだろう。一八八二年には十勝でエゾシカの角を一六万本収集した記録（札幌勧業課年報）もある。オスジカ一頭から二本の角が獲れるから八万頭分だ。加えて一八七九年二月二二日から二四日にかけて大雪が降り、さらに三月には暴風雨に見舞われ、エゾシカ二〇〜三〇万頭が凍死したという記録がある。この手の数字をどこまで信頼するか迷うが、生息数の半分ぐらいに相当するのではないか。

こうした背景からエゾシカの生息数は激減し、狩猟を制限するようになったのだろう。なお本州も含めたシカ全般については、一八九二年に「狩猟規則」が制定されて一歳以下のシカが捕獲を禁止された。

ところが一九〇一年に「狩猟法」が改正されて禁猟が解除され、一九一八年には狩猟獣に指定された。獣害が出たからか、狩猟を希望する人たちの圧力があったのだろうか。だが翌年、生息数の減少が目立ったため狩猟期間の短縮などの措置が取られるようになった。当時は一頭でもシカを仕留められたら大きな成果だったらしい。

戦後は一九四七年に狩猟期間が元にもどされたが、一九四八年にメスジカが狩猟獣から除外され、一九五〇年にはオスジカのみが狩猟獣とされた。ただ地方によってはシカを全面的な捕獲禁止にしたところもある。やはりシカは減少しているという認識だったのだ。

一九七八年に環境庁（当時）は、オスジカの捕獲数を一日一頭に制限している。徐々に農作物などに被害が出ていたので駆除が必要という声があったものの、野生動物を殺すことに抵抗した様子が伝わる。

だが一九八〇年代に入ってから個体数が増加したことがあきらかになり、農林業や森林植生への影響も指摘された。そこで環境庁は一九九四年にメスジカの狩猟を許可する。ただし、「シカの保護管理計画を策定した都道府県に限ってメスジカを獲れる」という複雑な段取りだ。まだまだ駆除には及び腰だったのだろう。

そもそもオスジカの駆除だけで頭数管理を行うのは無理がある。なぜならシカの社会構造は、強いオスジカが複数のメスとハーレムをつくるからだ。つまり一頭で多くのメスを妊娠させる。仮にハーレムをつくったオスを駆除しても、空白のボスの座に交尾相手にあぶれたオスジカが就くから、メスの妊娠率は下がらない。あるいはハーレムを持たないオスジカを駆除しても、もともと子孫はつくれないのだから繁殖力を減じる効果はないだろう。

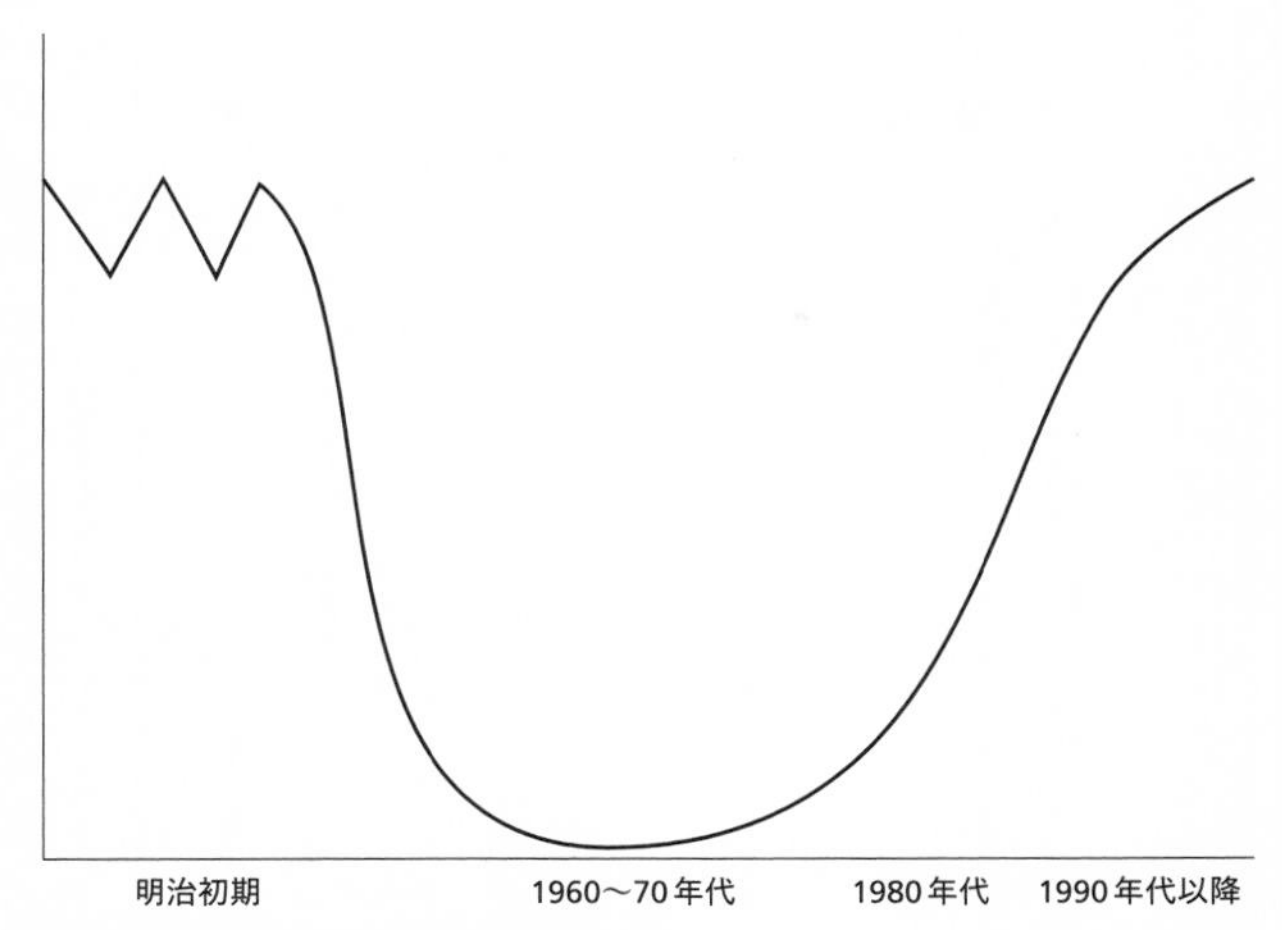

図表1　日本におけるシカ個体群動態の模式図
出典：揚妻（2013）p.3

一九九九年には、鳥獣保護法を改正して特定計画制度を創設し、メスジカの狩猟を可能にした。また二〇〇六年には休猟区であってもシカ・イノシシなどの狩猟が可能となる「特例休猟区制度」が創設された。さらにメスジカを制限なく狩猟できるよう二〇〇七年に改正された。これで捕獲禁止措置が完全に廃止された。

狩猟免許も、銃と網・罠の猟の二つの免許に分割した。銃猟は経費もかかるし、心理的にも敷居が高い。網や罠の狩猟なら比較的参入しやすい。

このように狩猟行政は、変遷はあるものの、永くシカを保護する方向にあった。本気で見直したのは、二一世紀に入ってからなのだ。シカの頭数管理は、常に後手に回っていたと言えるだろう（九一ページ図）。

戦後の行政は一貫して野生動物全般を保護するのが基本姿勢だった。とくにニホンカモシカは、シカ以上に厳しい保護策が取られた。ニホンカモシカはウシ科の日本固有種だが、明治以降は毛皮や角が商品化されたことでカモシカへの狩猟圧は増した。そのため生息数は急減し、一九三四年に天然記念物、一九五五年に特別天然記念物に指定される。奥山にしか生息せず、個体数も全国で数千頭しかいないとされた。中国山地から姿を消し、九州、四国でも絶滅寸前といわれた。「幻の動物」扱いである。

しかし一九七〇年代に入ると、カモシカの食害が発生し始める。各地の山で植えたばかりのヒノキの苗が食い荒らされて、丸裸になっていた。莫大な金と労力をかけて、将来の森をつくろうとしているのに、無にされてしまったのである。

私の記憶にあるのは、一九八〇年前後の岐阜県から長野県の植林地の食害だ。ここは高級ヒノキの産地だったが、植えても植えても食べられてしまう。苗の頭頂部をかじられると苗はまっすぐ育たず、枯れなくても木材としての価値はほとんどなくなる。そこで林業家は駆除を願い出た。しかし、猛烈な批判・反対が起こった。

その中心は、まず自然保護を訴える運動家であり動物学者だ。そこに文化庁がついた。

なぜならカモシカを特別天然記念物に指定したのは文化庁だからだ。林野庁はどっちつかずだったと記憶する。林業家の味方にはならず、腰が引けていた。そして「林業家VS自然保護運動家 ＋ 文化庁」の争いの形になった。

動物学者や文化庁の官僚の中には、林業家がカモシカの食痕を見せても、「それはカモシカのかじった痕ではない」と言い張った者もいた。カモシカの食痕と認めて、駆除策が具体化するのを望まなかったからだろう。官僚は特別天然記念物の指定が覆るのを嫌がり、学者も研究対象の動物の駆除を好まなかった。そこに自然保護運動家などが加わり、「カモシカを守れ」の大合唱となった。当時の世論は圧倒的に後者についたと記憶する。

さて、あの論争はどんな結末を見たのか。

今では山登り中にニホンカモシカを見たことのある人も結構多いのではないか。地域によっては車で林道を走るだけで目撃できる。今では、カモシカもシカも増えたと認められている。八〇年代にカモシカが増加し始めていたことを認めなかったことが、初期対応をずいぶん遅らせて、事態を悪化させたことは間違いない。

同じような対応は、クマでも起きた。被害が出ていることは認めても、クマが増えたとなかなか認めない。生息地の奥山に餌が少なくなったから仕方なく植林地や里山に下りてくるのだ、という論法で否定する。生息数は増えていないと主張するのである。いまだに「クマは絶滅寸前」と主張する団体・個人もいる。しかし、科学的とは言えない。

そこには「野生動物を殺したくない」という感情的な思いが背景にあると同時に、施策の転換に関するタイムラグも大きい。政策を変える手間をいやがる心情が非常に強いのだ。そして先送りにしがちだ。だから増加しているとわかっても放置することになる。おそらく減少局面に入っても保護策に転換するのは大きく遅れるだろう。

野生動物は、いきなり増加したり減ったりしない。兆候を感じとって素早く手を打てば頭数管理の手間が小さくて済む。しかし後手に回ると、事態を深刻化させてしまう。

仮説① 地球温暖化で冬を越しやすくなった?

現在、多くの野生動物の生息数が増加したことは、専門家も認めている。だが、増えた理由が「政策的に保護したおかげ」だけだと説明するのは無理がある。かといって、動物たちの繁殖力が急に強まったわけでもあるまい。

では、近年になってから爆発的に増加した原因は何だったのか。そこで増加理由として上げられている仮説を順々に検証してみよう。

まずは地球温暖化だ。体感的にも、年々夏の酷暑と暖冬が続いている。なかには温暖化そのものの懐疑論者や、温暖化の原因として大気中の二酸化炭素の量が増えたことに疑問を唱える人もいるが、ここでは触れない。

これまで野生動物の多くが暮らす山岳地帯は、標高の高さもあって積雪が多かった。この寒さと積雪が、野生動物の個体数調節に大きな役割を果たしていると考えられてきた。

まず冬は餌が少ないために餓死しやすい。樹木も葉を落とし、草食、肉食（雑食）どちらの動物にとっても生きるのは厳しくなる。飢えで死ななくても栄養状態が悪くなれば、病気にかかりやすくなる。怪我をしても自然治癒する前に命が尽きるかもしれない。

とくに積雪は、イノシシやシカにとって大敵で、移動の自由を奪う。イノシシの鼻面は地上数十センチに位置するから、深い積雪だと息ができなくなり、また視界も効かない。シカも足が雪にもぐり込んでしまう。細い足に体重を乗っけるから雪にめり込むのだ。すると素早く動けなくなる。行動範囲が狭まると、餌を探せる範囲も狭まるし、積雪が草やササなど植物を覆い隠してしまう。飢える恐れだけでなく、雪の中で動けなくなって凍死するケースも増える。クマのように冬眠するか、小動物が雪の中にトンネルをつくって生き延びるような真似はできない。

しかし、近年は冬でも積雪が減った。仮に一〇センチ積雪が減るだけでも、かなり違う。行動の範囲が広くなり、雪に隠れる草木も減る。冬でも草木が地表にあれば、草食動物にとっては餌を得るチャンスだ。栄養状態がよくなれば病気や怪我にも強くなる。おかげで雪に行き倒れることも少なくなる。

こうした理屈で温暖化が動物を増加させたという意見は、一定の理解を得ることができるだろう。豪雪地帯から雪が消え、それとともに野生動物の姿が冬でも見られるようになったのは事実だ。生息域を北へと広げている現象も説明できる。

実際に、温暖化によってシカの生存率が高まっているという研究がある。通常、子ジカは冬の死亡率が高い。初年度に体重が二〇キロ程度まで増えないと冬を越せないという。脂肪が少ないと寒さに耐えられないからだ。それが近年は栄養状態のよい子ジカが増えているらしい。

しかし、地球温暖化によって、すべての野生動物の増加を上手く説明できるわけではない。むしろ限定的だ。

日本列島で深い積雪がある地方は日本海側の山陰、北陸、東北、そして北海道に限られている。九州など昔から雪がたいして降らない地域も少なくない。東北の太平洋側は厳冬期でもあまり積もらない。積雪の影響をすべての動物が受けるわけではないのだ。

さらに、積雪地域でもこの仮説が当てはまるかどうか怪しい面がある。温暖化の兆候がまったく現れていない時代に、多くのシカが生息していたからである。現在よりはるかに平均気温が低くて寒冷期だったとされる江戸時代中期にも、東北に多くのシカやイノシシがいた記録がある。冷害が飢饉を引き起こす一方で、獣害もひどかったのである。

近年でも、北海道における一九八〇年〜二〇〇二年までの積雪量とシカ個体群変動を分析した研究からは、大雪が降って積雪が多かった年代でも、個体数は減少していなかった結果が示されている。

それに温暖化が進行していても、実際に大雪が時折降る。最近は地球温暖化という言葉を公的研究機関ではあまり使わないようになり、「気象変動」と表現されるようになった。平均気温は上昇しているものの、地域ごとに違いがあり、また短期的に極度の低温が続くこともある。豪雨や強風なども増えた。大気中の二酸化炭素濃度の上昇がもたらすのは気温の上昇だけでなく、気象の激甚化だと指摘されている。酷暑も大寒波ももたらすのだ。

たとえば「平成一八年豪雪」(二〇〇五年一二月から二〇〇六年一月)と名付けられた大雪

がある。全国各地で軒並み観測史上最高の積雪が起きた。ところが、その時期（大雪の翌年）のシカの生息数は、どの地域でも減少していない。寒波や大雪は生存に影響を与えるだろうが、それが野生動物の生息数を減らすほどなのかどうかは怪しい。

またシカが増加すれば、教科書的には、餌を奪い合って最終的に生息数は減るはずなのだが、個体の体格が小さくなりはしても、生息数は減らないという報告もある。

だから「冬の寒さが緩んだから野生動物が増えた」と単純に結びつけるのは危険だ。一要因にはなるかもしれないが、主因かどうかはわからないのである。

また気象変動、とくに地球温暖化は、いきなり起きたわけではなく、数十年かけて世界中で進行している現象だ。それに対して野生動物の増加は日本で急速に起きた。それも種類によって増えた時期はバラバラだ。統計的にも、温暖化と生息数増加の関連性は低いと思われる。

仮説②　ハンターの減少で駆除できない？

昔は、多くのハンター（狩猟者）がいた。害獣の駆除だけでなく、野生動物の肉や毛皮、角などの採取も目的として、多くの動物が狩られた。しかし近年ハンターは高齢化が進んで引退が相次いでいる。だから獲物だった野生動物が増えてしまったのだ……。これもよくいわれる理屈である。

この説を検証するためには、まずハンターの人口と、彼らの捕獲・駆除する動物の数の推移を確認しておく必要がある。

まず、ハンターの数は狩猟に必要な狩猟免許（銃猟と罠猟の合計）の免許所持者数で数えることができる。農林水産省や環境省の白書など多くの統計グラフでは、一九七五年には五一万八〇〇〇人だったが、九〇年には二九万人。そして二〇一四年は一九万四〇〇〇人と右肩下がりの状況が示されている。こんなグラフを見せられたら、誰もがハンターは減少していると感じるだろう。そして「狩猟する人が少ないから駆除が進まない」という説明に納得する。

たしかに減っているのは間違いない。ただし、それは一九七五年以降の話である。

奇妙なのは、この手の統計で示されるのは、いずれも一九七五年以降の推移ばかりなのである。私はそこに素朴な疑問を感じた。なぜ、もっと長いスパンで狩猟免許統計を表わさないのか。単純にグラフを長く延ばさないためなのか。しかし時代の変化をたかだか四〇年間で読み取るのは危険だ。そこで、より古い狩猟者数の統計を探してみた。そして意外な事実が浮かび上がる。

毎年のデータは見つからなかったが、なんと一九七〇年代をピークとしてハンター数は右肩だけでなく、左肩でも下がっていたのだ（一〇一ページ図）。六〇年代は三〇万人前後、五〇年代は二〇万人を切っている。二〇一〇年代よりも少ないではないか。

一九四〇〜四五年は戦争のためか統計がない。ただ狩猟を担う成人男子の多くが兵隊にとられていたはずだから少なかっただろう。しかし、戦前はさらに少ない。一九三〇年は一〇万人を切っていたようだ。一九二〇年は少し多いようだが、二〇万人には達していない。そして一九一二年は一〇万人以下だ。

細かな数字の上下は別として、現在より狩猟者が少ない時代が続いていたと思われる。それが戦後徐々に増えていき、一九七五年前後に五〇万人以上になったのをピークとして、現在は減り続けているということになる。

もちろん統計の信用度も考えねばならないし、狩猟免許を持たずに猟が行われていた可能性もある。徴兵制で多くの男子に軍隊経験があるから、銃の扱いは馴れていただろう。山村に生まれ育っていれば、子どもの頃から罠を仕掛けて小動物を獲ることも日常茶飯事だったと聞いたこともある。とはいえ、「ハンターが少ないから害獣駆除が進まず、野生

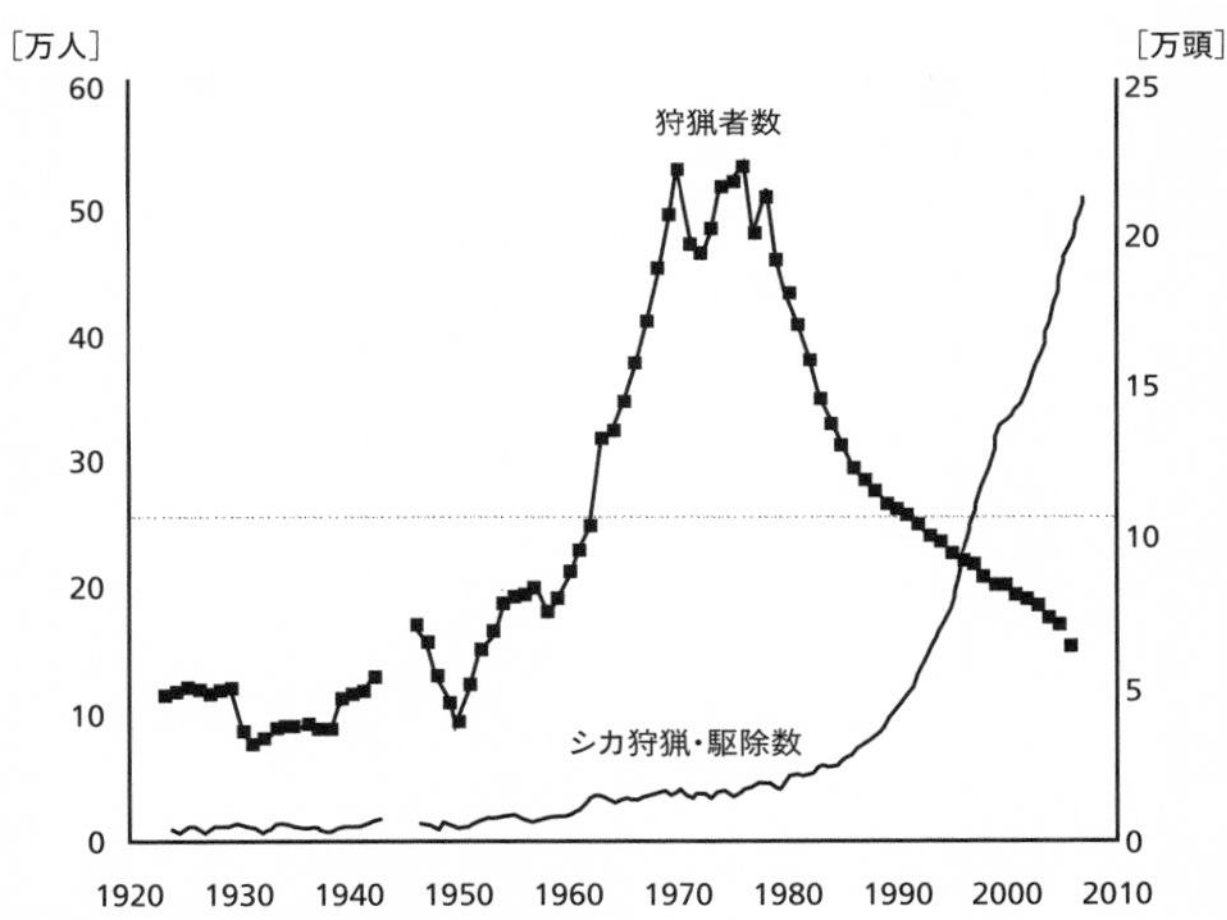

図表2　狩猟者数とシカの狩猟・駆除数の推移
出典：揚妻（2013）p.5

動物が増えてしまった」という仮説には無理がある。

ここで別の仮説が考えられる。なぜ戦前から戦争直後は狩猟免許を持つ人が少なかったのか。そこで思いつくのは、野生動物が少なく獣害もあまりなかったから、ハンターも増えなかったという可能性だ。獲物が獲れなかったら、狩猟はやらないはずだ。

次に届け出のある有害駆除数の推移を見てみた。すると驚くべき数字が出ていた。ここでは一九九〇年と二〇一四年の駆除数を比べてみよう。シカは四万二〇〇〇頭から五八万八〇〇〇頭へ、イノシシも七万二〇〇〇頭から五二万六〇〇〇頭へと急増している。二四年間で駆除数は数倍から一〇倍以上に伸びているのだ。

そしてこの期間は、ハンター数が急減した時期に当たる。二九万人から一九万四〇〇〇人と約一〇万人もハンターが減った。それにもかかわらず、駆除数は激増しているのだ。

この点だけでも、「ハンターの減少」が「野生動物の増加」もしくは「獣害の増加」を招いたとは説明できないことがわかるだろう。白書や政府の説明する獣害発生理由にハンター数の減少を掲げるのは極めて不適切である。

ハンターに関する統計をもう少し詳しく見てみよう。注目したいのは、高齢化の進行である。狩猟免許所持者の年齢が六〇歳以上である割合は、一九九〇年度で二〇・三％だったが、二〇一二年には六四・六％に上がっている。そして免許の内容も、かつては銃による猟がほとんどだったのが、今では罠猟が半分近くまで増えた。

狩猟を辞めた理由はいろいろあるだろうが、アンケートには「高齢化や病気」「猟銃の規制強化」「経費が高い」「仕事が忙しい」「残滓の処理が大変」などが並んでいる。たしかに高齢化は一定の理由になっているようである。とくにシカやイノシシなど大型動物を狙う場合は、歳をとると大変になる。山野を歩くことだけでなく、仕留めた後の処理に多くの義務が課される（この点は後述）から、体力を消耗するのだ。

一方で猟の手法の変化は、かつては趣味の狩猟が多かったのが、今は害獣駆除に重きを置いて免許取得するからではないかと思われる。趣味ではなく必要に迫られて行う猟の場合、罠猟の方が手軽で経費も少なくて済むからだ。

二〇一四年以降は、狩猟免許所持者の数が若干増えている。これは獣害対策に取り込もうと参入する人が増えたからと解釈できる。そして、彼らは比較的若年である。

では、ハンターの数が減り高齢化が進んだのに、なぜ駆除数は増えているのか。

獣害がクローズアップされ、その対策の必要性が広く訴えられたことがあるのは間違いない。ただその裏には報奨金がある。有害駆除を行うと支払われる報酬である。

額は自治体によって違うが、これまではシカ一頭当たり二〇〇〇~五〇〇〇円だった。これではハンターの収入にならない。銃を扱う場合には多くの経費がかかるうえ、山野を駆けめぐるきつさを考えると、この額で出動しようとは思いにくい。趣味の狩猟に付いてくる小遣いか、ボランティア意識で行うのである。

ところが、獣害がひどくなるにつれて報奨金額が上がってきた。地域によるがシカ一頭当たり二~三万円になっている。しかも生息数が増えたので捕獲チャンスも上がる。すると、これまでボランティアに近かった駆除に頑張りがいが出るし、収入増も期待できる。本気で取り組めば一日で何頭も仕留めることができるからだ。ハンターの高齢化は進んでも、狩猟には精が出るわけだ。

つまりハンター数と駆除数は連動しないのである。もちろん、今後さらに高齢化が進めば、報奨金の額がいくらであろうと猟に出られなくなる可能性はある。だが、ハンターが減少しているように描いたグラフを見せ、駆除数の減少を想像させるような説明の仕方には、何やら恣意的なものを感じてしまう。

加えて、ただ免許を持っていても、それが駆除数の増加にすぐ結びつくとは限らない。なぜなら猟を行うにはさまざまな技術を身につける必要があるからだ。通常は猟友会に加入して、猟を体験しながら教わり経験を積むわけだが、先輩ハンターの技術力と教授能力に左右される。自己流も多いし、教えたがらない人もいる。

罠猟の場合も、相当な経験が必要だ。獲物が通る獣道を見つけ、仕掛ける場所を選定する目の付け所、そして罠の仕掛け方を覚えるのは簡単ではないからである。

仮説③　天敵のニホンオオカミが絶滅した？

近頃、やたら人気の仮説は「オオカミが絶滅したから」である。オオカミ（この場合、本州以南のニホンオオカミと北海道のエゾオオカミの両方を指す）は、生態系の食物連鎖で頂点にいる肉食獣として、とくにシカの増殖を抑えてきたとされる。ところが日本列島のオオカミはどちらも明治期に絶滅した（「ニホンオオカミやエゾオオカミはまだ生きている」と言って探す人々が各地にいるが、ここでは触れない）。

たしかに天敵の絶滅は、捕食されていた動物にとっては朗報で、繁殖に有利になるだろうが、それが生息数の増加にすぐに結びつくかどうか疑わしい。

ニホンオオカミは、通説では一九〇五年に奈良県東吉野村鷲家口（わしやぐち）で最後の一頭が捕らえられて滅んだとされる。正確に言えば、この一頭を最後に発見されていないのだ。

実は、その後も目撃例や捕獲例はいくつかある。戦後になってからオオカミと似ている動物が捕獲された記録もある。だが確実にニホンオオカミと言えるものは、東吉野村が最後なのである。その個体はアメリカ人の標本収集家マルコム・アンダーソンに買われて、現在は毛皮と頭骨がイギリスのロンドン自然史博物館に保管されている。

一方でエゾオオカミは、一八九六年に函館の毛皮商が毛皮を数枚扱ったという記録を最後に、姿を消している。最後の捕獲がいつかもわからず、ニホンオオカミ以上に謎の絶滅を遂げている。ただ北海道では大々的なオオカミ駆除が行われていた。一八七七〜八八年までの間だけで一五三九頭の駆除が記録されている。実態は、その数倍だろう。また同種が生息していたサハリンや千島列島でも同じ頃絶滅したとされている。

絶滅理由は、はっきりしない。とくにニホンオオカミは、江戸時代後期には急減し始めていた。狂犬病やジステンパーが蔓延したといわれるが、正確な原因は謎のまま。さらに言えば形態的特徴や生態もはっきりわからない。

なお遺伝子分析によると、どちらのオオカミも、大陸に分布するハイイロオオカミの亜種とされる。ただし別種説もある。ニホンオオカミの体格はかなり小さく、世界最小のオオカミだ。逆にエゾオオカミは最大級である。いずれも毛皮や骨格標本が非常に少なく、わからないことだらけだ。

ややこしいのは、江戸時代の文献ではオオカミと別にヤマイヌという種も記載されていることだ。ヤマイヌはニホンオオカミより大きいとされるが、イヌとの雑種を指すという説もある。今ではヤマイヌが存在したのかどうかすら、怪しい。

いずれにしろハイイロオオカミの亜種だとすると、現在のイヌも同じくハイイロオオカミの亜種扱いだから、ニホンオオカミとイヌの差は小さい。

分類上はともかく、オオカミは偶蹄類を主に捕食することが知られている。ところが絶滅したため、シカを捕食する動物がいなくなった。それがシカの増えた理由だという。

この説に対する回答は、簡単だ。オオカミがいた江戸時代でもシカは非常に多くて獣害も苛烈だったのだ。この一点で獣害抑制にオオカミは役立っていなかったと証明できるだろう。さらにオオカミが滅んだ後も長くシカは増えなかった。ようやく増加が報告されるのは一九八〇年代。そこには八〇年以上のずれがある。オオカミの生息とシカの数に関連性は見られない。また最初からオオカミが生息していない屋久島におけるヤクシカの生息数の変動（減少と増加）も説明できない。

それにオオカミがイノシシを捕食するのは難しいだろう。非常に強力な牙を持つ相手だからだ。クマにいたってはオオカミがかなう相手ではなかろう。とくにニホンオオカミは、成獣で体重が一五～二〇キロだったが、ツキノワグマはその数倍だ。好んでクマやイノシシを獲物に狙うとは思えない。獣害全般の抑制にはつながらないのである。

なおニホンジカも体重七〇キロ以上、エゾシカなら一五〇キロ以上の個体は珍しくないし、足も速い。猟犬がオスジカに後ろ足で蹴られて大怪我した例もある。襲うとしたら幼獣が中心か、あるいは群をなして襲撃しないといけない。いつもシカを捕食しているとは考えにくい。たまに食べられるご馳走ではなかったか。

欧米の研究では、オオカミの骨の成分から餌としていたのは陸上動物だけでなくサケなど魚類も多かったと指摘されている。海辺近くに棲んで、浜に打ち上げられていた魚やクジラも餌としたようだ。カナダでは貝類が多かったという報告もある。

おそらく日常的な餌としては、ネズミやウサギ、それに鳥など小動物が多かっただろう。さらに家畜や家禽も狙った。だから人間は駆除しようとしたのだ。

オオカミの絶滅がシカなどを増やしたという説の背景には、オオカミ再導入論がある。「害獣の天敵であるオオカミを山野に放せば、自然界のバランスを取り戻せる」という発想だ。実際にアメリカやヨーロッパの一部で試されていた。とくに有名なのは、アメリカのイエローストーン国立公園だ。地域外のオオカミを複数頭導入し、オオカミの群を回復させた。すると植生を劣化させていたアカシカが減少し、キツネやビーバーが増えたと報告されている。

そこで日本でもオオカミ導入が唱えられたのだ。しかし、そもそも欧米とは条件が違い

ニホンオオカミの像（奈良県吉野郡東吉野村）

すぎる。大陸である欧米では地続きの地域に同種のオオカミが生息している。それに対してニホンオオカミは絶滅している。一体どこのどんなオオカミを野に放とうというのか。ニホンオオカミがハイイロオオカミの亜種としても、体格では半分くらいしかない。そもそも「亜種」は、同じ種ではない。無理に導入すれば、侵略的外来種の放逐となる。

　すでに指摘したように、オオカミはシカだけを捕食するわけではない、人や家畜を襲いかねない点からも愚策だろう。再導入した欧米では、家畜を殺傷する事件も起きている。「ニホンオオカミは人を襲わない」という主張もあるが、絶滅した動物の生態がどうしてわかるのか。イヌも人を襲わないとされるが、飼いイヌが人を襲うこともある。ツキノワグマやヒグマでさえ〝通常、人を襲わない〟といわれてきたが、近年は人を襲うケースが頻発している。

ちなみにジャイアントパンダは肉も食べるのはご存じだろうか。一般にタケやササしか食べないと思われているが、実は食肉目クマ科の雑食動物である。野生では爬虫類などの小動物も餌としている。二〇一三年に四川省で野生パンダが民家に侵入し、子ヒツジを襲って食べた事件が起きた。森に設置した赤外線カメラにアンテロープ（カモシカの仲間）の肉を食べる野生のパンダの姿が映っていたこともある。

先述したが、屋久島のヤクシカが、仲間の死骸を食べる姿が目撃・撮影されている。北米のオジロジカが魚やウサギ、鳥を食べた報告もある。草食動物でも肉を食べる。野生動物の食性は意外と融通無碍（ゆうづうむげ）だ。肉食であるオオカミが、シカは獲物にするが「人間は襲わない」と断言できるわけはない。

なお以前はイヌを放し飼いしていたから、獣害が少なかったという意見もある。しかしシカの頭数増加の説明にはならないだろう。それに現在の山野には、多くのノイヌがいて、すでにオオカミの生態的地位を占めている。それでもシカは増え続ける。

絶滅したニホンオオカミに憧れを抱き、その復活を望むのは、「恐竜を現代によみがえらせたい」という映画の中のロマンと同じレベルの発想である。

飽食の時代を迎えた野生動物たち

これまで野生動物が増えた理由の仮説を紹介してきた。そして、いずれも否定すべき事実があり、決め手に欠くことを記した。それぞれの要因は生息数に多少の影響を与えるだろうが、根本的な増加原因を説明できないのである。

では、何が野生動物を増やしたのか。

ここで、決定的な原因を示すのは難しい。だが、確実に言えることがある。それは餌が増えたことだ。餌がなければ、仮になんらかの理由で生息数が増えても、その個体は生き延びられず繁殖もできない。増え続けるのは、十分な餌が恒常的に存在するということだ。

もし山野の植物が繁茂して量が増えたら、草食性や雑食性の動物にとって餌が豊富になったと言えるかもしれない。そして草食動物が増えたら、肉食動物の餌も増えたことになる。いわば野生動物は飽食の時代を迎えたのではないか。

具体的に植物性の餌が増えたかどうか検証してみよう。

まず奥山はどうか。本来の奥山は天然林に覆われていたが、現在は多くが人工林になった。植えられたのはスギやヒノキ、カラマツなどの針葉樹。一般に針葉樹は餌となる実を付けない。それに林内は暗くなり下草も生えない。だから「奥山の多くを人工林にしたから、野生動物の餌がなくなった」と主張される。そして「野生動物は増えたのではなく、(餌のない奥山から)餌を求めて里に下りてくるのだ」と解釈するのだ。

しかし、私は「人工林に餌がない」という主張に、かなり疑問を持っている。本当に人工林をよく観察したのか。私は全国の林業地を見て歩いているが、意外と絵に描いたような「林内は暗くて草一本生えていない」ところは多くない。スギ林はスギだけ、ヒノキ林はヒノキだけしか生えていないと思い込みがちだが、そうでもない。

しっかり管理されている人工林の場合、植えて二〇年も経てば低層は草や低木が茂り、中層も広葉樹が入り枝を広げている。定期的に間伐を施して林内に光を入るようにするからだ。スギやヒノキが高く伸びた後なら草や雑木に被圧される心配もない。むしろ林業家は、土壌を豊かにするために草を残す。草がないと、降雨で土壌が流出するからだ。「もし下草のない人工林を見かけたら、そこにシカが出没した証拠」と林業家は言う。

一方で手入れ不足の人工林はどうか。たしかに密生して暗くなり草が一本も生えていない荒れた人工林もあるにはある。だが、多くの放置林は、スギやヒノキが枯れて倒れ、ギャップ（林内の開けた空間）をつくる。そこに広葉樹が侵入して来る。とくに若年時に数回間伐された後に放棄された山は、雑木や雑草が繁茂しやすい。それがスギやヒノキを被圧しているから「荒れた」といわれるのだ。しかし繁った雑木は、動物の餌にもなる。

　放棄された人工林が、その後針広混交林に移行しているところも多くある。そんな森は、決して不毛の砂漠ではない。広葉樹林と比べると少ないかもしれないが、野生動物に十分な餌と隠れ家を与えている。

　また人工林では、森林整備という名の間伐・除伐が行われる。密生した植林木を間引きしたり、合間に生えてきた広葉樹などの雑木を伐採したりする作業だ。しかし、切り倒せば高みにあった樹冠（じゅかん）部分が地面に落ちる。幹は利用するために搬出することもあるが、梢や枝葉はその場に切り落として残す。これがシカなどの餌となる。また切り開いて地面まで光を入れたら草や稚樹が生えるから、これも格好の餌の提供だ。広葉樹の場合、切り株から萌芽が出る種も多いが、この新芽もご馳走になる。

　作業員によると、間伐・除伐作業をしていると、現場近くにシカが現れ、伐倒を待っているそうだ。倒した木々の枝葉を早く食べたいのだろう。

さらに山間部の道には、意外な餌が大量にあった。斜面に草が繁っているのだ。道路（農道、林道・作業道を含む）を通す際、山肌を削ると新しい斜面ができるが、そこに光が当たり、草が生えるのだ。よく見ると、生えているのは外来牧草が多い。牧草の種子を土留め用に斜面に吹きつけることもあるからだ。家畜の餌として改良された牧草は、冬も青々と繁って栄養価も高い。当然、シカは好むだろう。

また、最近は人工林の皆伐（かいばつ）が進んでいる。一定面積の山の木を全部伐ってしまう行為だ。ときに数十ヘクタールも裸地になる。そこは日当たりがよく、雑草が繁茂する。シカやカモシカにとって食べ放題の餌場だ。跡地に植林したら、その苗も美味しい餌だろう。

次に里山はどうか。近年人の手が入らなくなり、荒れているとされる里山だが、農地の耕作が放棄されて「荒れる」と、雑草や雑木が繁る。実を付ける草木も多くあるから、むしろ餌は増える。

また土砂崩れや開発行為で一度地表を攪乱（かくらん）されたような土地にはクズの繁茂が目立つが、その地下茎は豊富なデンプンを含んでいる。いわゆる葛粉の原料だ。以前は重要な林産物だったが、いまや掘る人もほとんどいない。ほかにヤマイモなどもよく見かける。どちらもイノシシは掘り返して食べる。またササが繁れば、シカの重要な餌になる。竹林が野放図に広がっていく問題も、春に出るタケノコがイノシシやクマの餌となり（野生動物を）喜ばす。人間にとって「荒れた」と感じる山や休耕地が、野生動物の豊富な餌場となっているのだ。最近では山を切り開いてメガソーラーを築くケースも増えているが、そうした場所もシカの餌場にもってこいになっている。

ところで、野生動物にとって重要なのは、冬の間に得られる餌の量である。春夏秋は、自然界に食べられる植物が豊富にあるが、冬は少なくなる。しかも寒さに耐え、妊娠や出産（シカは秋に妊娠し春に出産、クマは冬眠中に出産）する冬をどう乗り越えるか。冬に得られる餌の量で、野生動物の生存は左右されがちである。

私は、冬の里山にどの程度餌となるものがあるか調べて歩いたことがある。

結果は、驚くほど豊富だった。まず収穫後の田畑が餌の宝庫だ。農業廃棄物が山ほど捨てられていたのである。農作物は全部収穫されると思いがちだが、間引きしたものや虫食いの作物は収穫せずに、そのまま畑に捨て置かれる。ハクサイやキャベツのような葉もの野菜は、収穫する際に外側の葉を剥く。ダイコンなどの根菜も、収穫せずに放置されている分が多い。田畑には収穫後の廃棄物が山となっていたのだ。さらにカキやクリ、ミカン、ユズ、ダイダイなどの果樹も枝に実を付けたまま放置されていた。カシやコナラなどのドングリが樹下に大量に溜まっているところも見た。

それらの総量は膨大だ。いまや作物は質によって選別し、弾かれた作物が農地に残される。だが、それらは野生動物の絶好の餌となる。

また、農地に生える雑草も想像以上に多かった。冬だというのに、草がいっぱいだ。冬でも枯れない草は意外と多い。滋賀県の農業研究所で、田畑の雑草の重量を調べた記録があるが、一アール（一〇メートル四方）で約三〇キロになったそうだ。加えて水田では早稲品種の栽培が増えて、九月には稲刈りをする。すると、稲の切り株（稲株・稲茎）からヒコバエが生える。一一月頃には、背丈は低くても穂が伸び、米が実る。それが一アールに茎葉は一〇キロ、米粒は五キロ近くあったそうだ。

こうした餌にありついた動物は、文字通り味をしめて里に通い続ける。奥山と里山を行き来している可能性もある。里山に餌が増えたら、里近くに居つくかもしれない。

そのせいか、最近は〝草食系クマ〟が増えているという。恋愛に奥手なのではなく、ベジタリアンという意味だ。動物性より植物質のものを好んで食べているというのだ。明治時代のヒグマの骨に含まれる窒素同位体元素の比率から、その個体が食べたものを調べたところ、エゾシカやサケ、昆虫類など動物性タンパク質が六割以上だった。ところが最近

冬の里山に残された放棄作物の白菜(上)とユズ(下)

のヒグマでは五％程度に落ちていた。増えたのは、フキやヤマブドウなど草本・果実類なのだという。イノシシの胃袋を調べても最近は草ばかりらしい。雑食動物が草食に偏ることで、十分な餌の確保に成功し、繁殖もしやすくなったと考えられないだろうか。

この一方で、肉食系クマにも有り難い餌が提供されている。

イノシシやシカの駆除が進められているが、仕留めた個体を持ち帰るケースは一割に満たず、たいてい現地に埋めるか捨てられる。その死骸がクマの餌になる事例が報告されている。クマが生きたシカやイノシシを襲うことはそんなに多くないが、皮肉なことに人が駆除したおかげでクマの餌になっているわけだ。

栃木県でツキノワグマの体毛から餌の炭素と窒素の同位体比率を調べたところ、五歳以上のクマはシカを餌にした割合が高く、とくにオスにその傾向が強かった。季節は夏が多かったらしい。この時期は、有害駆除が多く行われている。

奥山にも里にも餌がたっぷりある。一方で人は少なくなり、人里に侵入しても追い払おうとしない。そして人間がシカなどの肉を提供してくれる……。これでは野生動物が餌に困る可能性は低い。

生息数を左右する要因は多様だが、餌の量は最重要だろう。

第四章

食べて減らす？　誤解だらけのジビエ振興

害獣駆除で生じる「もったいない」

子どもの頃、食事のおかず、たとえば魚などを残すと、親から「もったいない」と怒られたものである。その際に「ちゃんと食べてあげないと、魚も悲しむ」という言い方をされた。肉の場合は、ウシが、ブタが、ニワトリが「悲しむ」というのである。そこには、きれいに食べることが、食べられる動物にとっての供養だという発想があったのだと思う。食材ならぬ贖罪意識だろう。同じような経験をした人は多いはずだ。しかし私は、その考え方に疑問を感じていた。

果たして食べられる側は、自分の肉体をきれいに食べられることを喜べるのか。当時よく読んでいた秘境探検ものの本に人食い人種が登場していたが、「果たして自分が殺されて食われるとなったときに、どうせならきれいに食べてね、と思うだろうか」……子ども心にそんなことを考えた記憶がある。「いやだな。オレの肉には毒が含まれていて、食った奴が苦しめばいい」と、そんなことを想像した。

子ども時代の妄想を思い出したのは、現在進められている害獣駆除にも「もったいない」精神が強調されているからだ。そして、駆除した野生動物の個体の使い道として考えられているのがジビエ、つまり食肉として人が食べることなのである。

果たして駆除されるシカやイノシシ、そのほかの野生動物は「殺されるのなら、遺体は食べてもらいたい」と思っているだろうか。殺したものを食べることが供養になるという発想は、仏教思想から来るのだろう。自分の肉体が何かの役に立てば、生きていた証となるという発想のようである。

ここでは仏教思想とは関係なく、駆除した個体を役に立てることが可能かという点を考察したい。同時に駆除する側の事情も目を向けていく。

もともとジビエとはフランス語だが、狩猟で得た野生鳥獣の食べられる肉を指す。飼育した家畜の肉の対語でもある。欧米ではマガモやウズラ、キジ、ライチョウなど鳥類、ノウサギ、シカ、イノシシ、クマなどの哺乳類が主な獲物だろう。日本でも古くは同じような鳥獣を狩りの対象としていたが、肉は日常的な食べ物ではなかった。ウシやウマなどの家畜も、農作業や荷役用でかわいがると食べられなくなる。だから（狩猟で）肉を得るのは山間部の一部の人に限られていた。そして肉を食べない理由に、生物の生命を絶つことを禁止する仏教の「不殺生戒」の戒律を掲げた。

一方で言い換えも行われた。たとえばイノシシの肉は山鯨と呼ぶ。当時クジラは魚扱いだったから山のクジラも食べてよいというこじつけだろう。ウサギを一羽二羽と数えるのも鳥扱いしたのだろう（ここで魚や鳥は殺生と感じない点は触れない。禁忌の対象は四つ足の獣だったのである）。

いずれにしろ狩猟は、基本的にジビエを得るための行為だった。獲物を撃つ、捕らえることの興奮もあるが、仕留めた後は肉を得るのが楽しみだったのだ。そこに農業の広がりとともに、獣害駆除という新たな目的が加わってくる。

実際に日本では「害獣として駆除した個体をどうするか」という問題から、ジビエが注目を集めている。政府もジビエ利用拡大の旗をふり、各地で事業化の動きが目立つ。仕留めた獲物をそのまま葬るのは「もったいない」という意識があるほか、駆除した個体をジビエとして販売したら、多少とも利益を生み出せる。それは駆除の励みにもなるだけでなく、獣害対策をコストからビジネスに変えることも可能となる。そうなれば補助金を減額できるかもしれない。加えて、ジビエ・ビジネスを農山村の産業とすることで地域活性化に寄与させる……という発想もあるだろう。

これまでジビエとして一般的だったのは、イノシシの肉である。家畜のブタの先祖であるし、ボタン鍋に代表されるシシ肉の調理法も知られていた。そうした料理店もそこそこある。それにイノシシは体重の八割が食肉になり効率がよいという声もある。

近年注目されているのがシカ肉だ。なぜなら獣害駆除でも、いまやイノシシを抜いてシカがもっとも多いからである。

すでにレストランでは、シカ肉料理がクローズアップされている。シカ肉はモミジと称されるように、赤身だ。高タンパク低脂肪、鉄分が多くて栄養価が高いと謳われる。ただ、脂身がないので多くの日本人の好みではないうえに、調理にも一工夫が必要だ。それに量も取れない（食肉になる部分は、シカ一頭の体重の三割以下とされる）。

ジビエ流通量の統計はないが、鳥獣処理加工施設（食肉処理の認可を受けた施設）は、把握されているだけで二〇〇八年の四二カ所から二〇一八年の六三三カ所へと激増している。新しく稼働した施設の多くがシカやイノシシの肉を扱うと考えてよいだろう。

ただ、駆除を含む狩猟で仕留めた獲物のうち、食肉になる割合は一割以下にすぎない。仕留めることの難しさはさておき、その個体を食肉にするまでには多くの関門があるからだ。その点は後述したいが、ジビエの供給は安易に進まないことを知っておきたい。

このように、日本でのジビエ普及は、まだまだ敷居が高いのが現実だ。

私自身は、ジビエを初めて食した記憶をたどると、学生時代に訪れたボルネオ（マレーシア）の田舎町でたまたま入った小さな小汚い料理屋を思い出す。メニューなどないから、片言の英語で肉とか野菜の料理を出してくれ、と伝えた。すると出てきた肉の炒めものが抜群に美味かった。何の肉か聞いてみると、シカ肉だったのである。

だから今でもシシ肉やシカ肉などが並んでいたら、つい手にしてしまう。またジビエ料理専門店にも足を向ける。独特の味や臭いを嫌う人もいるが、それがジビエの醍醐味だ。ただボルネオの店の味に匹敵するジビエ料理には今も出会っていない。

またノルウェーに行った際に、一般のレストランでシカ肉が普通にメニューに載っていた。そこでステーキを頼むと、これまた美味かった。ヘラジカ肉だったのだが、ジビエとは少し違った。なぜならヘラジカ牧場から供給される肉だったからだ。シカ肉といってもすべてがジビエとは限らない。すでに家畜化された肉もあるのだ。その方が安全性と安定供給が可能になるだけでなく、価格も抑えられるからだろう。

日本のジビエ料理は、まだ一般的になっていない。基本的に日本人の好む肉は脂身が多いが、ジビエはたいてい脂身が少なく赤身が多い。もちろん価格も高い。「もったいないから食べよう」と気軽に言えないのである。

ちなみにドイツ狩猟連合会の統計によると、二〇一七年度にドイツで消費されたジビエの量は三万六〇〇〇トンにのぼる。イノシシが一万九七〇〇トン、ノロジカ一万二四〇〇トン、アカシカとダマジカで三九〇〇トンだという。ほかにウサギや鳥類などもある。さらにジビエの輸入も行っていて、同年にイノシシ肉が二七〇〇トン輸入されている。なぜ、これほどの消費量があるのか。もちろん供給システムが確立していることは大きいが、やはり文化の差なのかもしれない。

期待される猟友会の危うい現実

二〇二〇年三月、南アルプス国立公園のシカの頭数管理を行っていた山梨県猟友会が、捕獲頭数などを大幅に水増しした報告書を提出していたと環境省が告発した。そして二〇一八年度までの六年間で約一三〇〇万円を過大に受け取っていたとして、猟友会に過大受給分の返還と損害金を請求した。

シカの生息数の増加によって、国立公園の高山植物などが食われて環境に影響が出ている。これはそれを抑えるための事業であり、猟友会には捕獲頭数と猟に出た人数に応じて請負費を支払う契約だった。猟友会側は、公園外の駆除に従事した分を〝誤認〟して請求してしまったミスとしたが、返還に応じる意向だ。

鹿児島県霧島市でも、地元の猟友会が二〇一三年から三年間でイノシシなど有害鳥獣の捕獲数を水増しして報奨金をだまし取った疑いで告訴されている。報奨金の受給には、駆除個体の写真を添付した報告書のほか、個体の尾と耳の現物を提出するのが普通だが、同じ個体を別の角度で撮影して複数の個体に見せかけるほか、尾と耳は、駆除ではなく猟期に捕獲したものを保存しておき提出するなどしたらしい。不正受給は少なくとも三〇〇件以上とみられ、金額にして数百万円に達すると思われる。

実は、駆除事業に関する事業費や報奨金などの受給に関する不正事件は、枚挙にいとまがない。表沙汰にならない分も含めて各地で発生している。いずれも駆除頭数や出動回数・人数の水増しなどが手口だが、獣害の駆除事業では不正が横行していると言ってよい。そして、その当事者の多くが、猟友会の会員なのである。

単に金銭だけではなく、狩猟においてのルール違反も目立つ。人家の近くや周囲の確認を怠った発砲により、人身事故も発生している。駆除が必要なのは、人里に野生動物が現れるからだが、それは近隣に人家や人がいる可能性が高いことを意味する。猟銃を扱う駆除は、何かと制約があるのだ。

このところ猟友会は、有害駆除の最前線に立つ組織として期待を集めている。なぜなら増えすぎた野生鳥獣の駆除には専門的な技術が不可欠であり、その技術を持つのはたいてい猟友会に所属する会員だからだ。それに有害駆除を行うには、役場からの依頼がなければならない。その窓口も、ほとんど猟友会である。そうした責任ある立場にもかかわらず、なぜ不祥事は頻発するのか。

そこで獣害対策に向き合う組織について考えてみたい。

まず猟友会の説明を行っておこう。

肝心なのは、猟友会は獣害対策を担う組織として存在するのではなく、基本は「狩猟愛好者の団体」であるということだ。まず市町村レベルの地域の猟友会があり、それをまとめた都道府県猟友会、そして全国組織の一般社団法人大日本猟友会が存在する。

狩猟愛好者と記したとおり、本来は狩猟を趣味とする人々の集まりだ。ハンターの加入は任意であり、専門的な教育や訓練を受けて加入するわけではない。資格試験があるわけでもない。地域の猟友会もたいてい任意団体だ。

ただ、全国組織である大日本猟友会の源流は、帝国在郷軍人会が各地で結成した猟友会である。それが大日本連合猟友会を発足(一九二九年)させた。この組織の目的は、当時横行していた密猟を抑えるとともに、軍用の毛皮を収集するためだったとされる。ウサギなどの捕獲を組織的に行うため、銃弾や火薬を軍から支給していた。

戦後は、狩猟の適正化や野生鳥獣の保護、会員向けの共済事業などを目的として掲げている。しかし現在注目されているのは、有害駆除の担い手としての側面だろう。

ここで狩猟と有害駆除の違いについて認識しておかねばならない。

狩猟は、趣味である。たとえば、複数のハンターが獲物を山中で追いかけて仕留める巻狩では、一日中山を駆けずり回って仕留められるのは一～二頭だろう。これは野生動物と向き合い、対決することを楽しむ面が強い。しかし有害鳥獣の駆除は、もっと効率よく獲物を仕留めなければ効果が出ない。また出没情報に合わせて平日でも急遽出動要請が出ることもよくある。楽しむという面を抜きに行う事業だ。

猟友会にとって、有害駆除は仕事を休んで出動するボランティアなのだ。社会貢献に近い。なお狩猟ではなく罠にかかった獲物の処理を頼まれることも多い。一般の人には止めを刺せないからだ。しかし箱罠などにかかったイノシシやシカ、ときにクマを仕留めるのは楽しくもない作業だろう。逃げられない獣を至近距離で撃つ、ときに槍で突いたり棒で殴ったりするのだから。動物と対等に向き合うのではなく、命あるものを殺す辛さがある。

しかも、地域のためと思って要請に従って行う作業なのに、世間の白い目が向けられがちだ。加えて銃の所持や資格維持の手続き、イヌの飼育など、経費も手間も馬鹿にならない。それを負担しても狩猟をやりたい人が参加するものだ。

また野生鳥獣の肉を得るための狩猟を行う人は、自分の周辺で消費できる以上の頭数は獲らないと決めている人も少なくない。

もう一点強調しておきたいのは、愛好者団体という性格から、いわゆる新人を教育する役割を持っていないということだ。ようやく猟銃免許を取得して会員になっても、猟に関する細かなノウハウを先輩に教えてもらえるとは限らない。猟友会のなかには「三年間は先輩ハンターの弁当持ち」という言葉もある。つまり、下働きしないと何も教えてもらえないということだ。また教えるというより「見て覚えろ」という、いわば徒弟制度のような面もある。ハンターにとっては、獲物獣の通り道や、餌を食う場所、シカが山にこもって寝る場所など、長い時間をかけて蓄積したものが財産だから、そうやすやすと他人には教えたくないのである。

しかし、これでは有害駆除も進まない。

風向きが変わったのは、獣害がひどくなるなかで、先述したように報奨金の額が高まったことだろう。以前は経費にもならない額と嘆かれていたが、いまや一頭二～三万円になっている。これならやる気になる。

そのためか、猟友会のなかで有害駆除に誰が出動するか、奪い合いになるケースもあるそうだ。そこに序列のようなものが生まれ、古参ばかりが権利を行使するようになり、新規参入者は駆除に参加できないこともある。それに猟友会ごとに行動エリアをある程度決めているので、広域に出動するのは難しい。好きにどこでも狩猟できるわけではないのだ。

駆除は、容易に捕れる場所を選びがちだ。それは必ずしも被害の多い地域とイコールではない。まったく被害報告の出ていない山奥で多く仕留めても、報奨金は獲物の頭数によって得られる。しかしそれでは被害を抑えられない。

それどころか「あまり獲りすぎると翌年の獲物が減るから」と、手加減する傾向もあるそうだ。獣害を抑えるための狩猟ではなく、〝持続的に獲物を獲れるようにする〟ことを意識するのだ。ひどい場合は、罠にかかっている個体を逃がすそうである。

猟友会は狩猟愛好者の会であるという原点に還ると、駆除の主戦力と捉えない方がよい。ただ最近は、農山村の居住者が自ら獣害対策に取り組むため狩猟免許を取得するケースも増えている。彼らも慣習的に猟友会に所属するが、狩猟を愛好する会員と役割分担ができるか、そして会が駆除目的の会員をどのように迎えるのかはわからない。

野生動物がジビエになるまでの関門

猟友会は駆除事業に向いていないと記したが、有害駆除のプロ集団をつくるべきだとする声も出ている。二〇一五年に鳥獣保護法が改正され、環境省が認定事業者制度を設け、捕獲の専門事業者を認定する制度を創設した。獣害対策を進めるため、猟友会とは一線を画した明確な義務と責任を負い、役割を定めたビジネスとして、駆除事業を担う専門家を養成し、プロの組織をつくろうという意図だ。この認定事業者は、全国に少しずつ増えている。異業種や個人から新規参入するケースもある。

ところが、なかなか上手く機能しない。理由の一つは、肝心の認定制度も既存の利権に縛られていることだ。そもそも猟友会が別組織の存在を認めず、自治体が必ずしも認定業者に駆除の依頼をするとも限らない。人間同士の妙な縄張り争いが展開されているのだ。

仮にこの手の問題をクリアしても、駆除個体からジビエ供給につなげるには非常にハードルが多く、そして高い。

まずジビエ用の個体は、捕獲する際に内蔵を傷つけてはならない。大腸菌などが飛び散って肉を汚染するからだ。だから銃で撃つ場合、胴体に着弾してはダメ。通常は頭か首、あるいは心臓を撃ち抜く必要がある。箱罠やくくり罠による捕獲の場合なら、まだ獲物は生きているから槍などで止めを刺さなければならない。これも馴れない人には苦痛だろう。

そして、駆除個体の事務的な処理も手間がかかる。報奨金申請のための写真撮影や尻尾、耳などの切り取りなどを行わねばならない。すでに触れたとおり、不正な案件が増えたため厳しくなり、それが手続きを面倒にしてしまった。

これまでのジビエは、ハンター自身が解体して食肉化することが多かった。そこには独特の技術も伝承されていて、たとえば仕留めた死骸を川などに沈めて冷やすことが推奨される。体温を下げて腐敗を防ぎ、流水で血抜きもする。血抜きは、ジビエ化のもっとも重要な過程だ。その上で解体して毛皮を剥いで食肉となる部分を切り分ける。

だがジビエを流通に乗せようとすると、こうした自己流の解体・食肉加工は許されない。食品衛生法の規定で、ちゃんと認可された施設で解体しなければならないのだ。川の水も病原菌の心配が高いし、野外では土がつくほか、ハエなどがたかる心配もある。肉に体毛が付いてもダメだ。厳しい衛生管理が求められる。

害獣駆除会社による狩猟の様子
提供：（株）TSJ

つまり仕留めた場所から解体施設のある里まで運ばねばならない。しかも仕留めてからだいたい二時間以内に処理しないと肉は劣化する。獲物はいつも道の近くで仕留めるわけではないから、この運搬には大変な労力を必要とする。

仕留めてからの運搬や解体にもハードルはある。たいていの野生動物はダニやノミ、ヒルなど吸血性の無脊椎動物が付着している。宿主が死ぬと、それらは一斉に逃げ出すが、ハンターのみならず解体者などにうつる可能性がある。また、野生動物は寄生虫を持つし、E型肝炎ウイルスや病原性大腸菌、そのほか多くの食中毒原因病原体を身につけている。

すでに第二章で触れたとおり、未知の細菌・ウイルスなどによる感染症を人にうつす可能性も高いのだ。

ジビエを食べた当人は発病しなくても、献血を介して輸血された病人がジビエ由来の病原体によって発症した例も報告されている。農林水産省は、こうしたジビエの衛生面の問題を防ぐために二〇一八年にシカとイノシシについて「国産ジビエ認証制度」を制定したが、まだ普及しているとは言い難い。

解体時に出る食肉にならない部分、あるいは食肉にしない個体の処理も厄介だ。多くは焼却処分するのだが、そうした設備が自前でないと、専門施設に運ばねばならない。もちろん処分費も含めてコストがかかる。それができなければ、自分で埋める必要がある。しかし、死骸を埋めるために十分な深さの穴を掘るには大変な労力がいる。正直、まともに深い穴を掘って埋めているハンターは、ほとんどいないのではないか。

なぜなら山の中で深さ一メートル以上の穴を掘るのは至難の業だからだ。スコップを持ち歩くハンターがどれほどいるのかわからないが、真面目に埋めたとしても、クマやイノシシ、それにキツネなどはあっさり掘り返すだろう。結局、こうした死骸が餌となって害獣を増やすことになる。現実には、林内や河川、沢などに捨てられていると聞く。

二〇二〇年六月、山梨県北杜市のある林道脇からシカ約一〇〇頭の死骸が見つかった事件があった。幅二メートル、長さ八メートルほどの溝が掘られ、腐敗が進んだシカの死骸が埋められず、そのまま積み重ねられていたのだ。その森林は保安林だったそうだから穴を掘るにも許可がいるはずだ。死骸を捨てたのは県からシカの駆除を委託されていた甲府市の認定業者だった。

もちろんこの行為は違反だ。業者は現状回復を求められたが、駆除した個体の死骸の処分がなかなか守られていない現実が見えてくる。

駆除を依頼する自治体の立場から見ると、あまり厳しく不正がないかチェックすると猟友会や業者との関係が悪くなり、肝心の有害駆除に出動してくれなくなることを心配してしまう。だから見て見ぬふりをしてしまうこともあるそうだ。

一方で、二〇一八年に北海道砂川市の市街地にヒグマが出没したから出動し、市の担当者や警察官の立会いの元でクマを撃ったハンターが、鳥獣保護法違反の疑いで書類送検され、猟銃の所持許可が取り消される事件が起きた。発砲した先に人家があり、「捕獲規制区域」だったのだ。しかし警官に促されて行った行為を後にとがめられたらたまらない。ボランティアで出動した猟友会の人にとっては踏んだり蹴ったりだ。

また同じく北海道の島牧村では、二〇一八年の夏に連日深夜にヒグマが住宅地に現れていたため、そのたびに猟友会の出動を要請した。一回当たり最大三万円の報奨金だったが、総額一〇〇〇万円を超えた。そこで村は、上限を総額二四〇万円とする条例を可決し、一回当たりの額も減額した。ハンター養成の補助金もカットした。しかし猟友会側が反発、翌年から緊急出動しなくなった。「危険を伴う出動を軽んじられてはやっていけない」というわけだ。

近年は有害駆除目的で参入する人が増え、なかには若い女性の免許取得者もいることが話題にもなった。大学に「狩り部」が結成されるような動きもある。学生が狩猟免許（主に罠猟）を取得し、有害駆除を行うとともに、ジビエなど捕獲個体の商品化も手がけようという意図だ。彼らの活動が今後どのように展開されるかわからないが、問題意識の高まりの一つだろう。

いずれにしても、有害駆除を担う組織の専門性を高めるべきだし、行政も野生動物に対する骨太の理念を定めないと機能しないことは明白だ。

シカ肉がビジネスになりにくい理由

ここまで狩猟とジビエの間にある深い溝を指摘してきたが、ジビエを供給する現場では、有害駆除事業とどのように向き合っているのだろうか。

私は幾度か獲物を食肉加工する解体場を取材した。対象がシカかイノシシかなどによって違いもあるが、ここでは兵庫県丹波(たんば)市の株式会社丹波姫もみじの様子を紹介する。

この会社は、ニホンジカを食肉加工販売するため二〇〇六年に設立された。もみじとは、シカ肉の別名だ。シカの駆除を推進しつつジビエを供給する意図から設立した。年間処理数は一八〇〇頭にのぼり、ニホンジカ専門の処理施設としては日本最大級だろう。

取材に訪れたのは三月下旬だったが、朝から次々と解体場の前に軽トラが停まる。荷台には大きなシカが積まれている。たいてい胸が赤く染まっている。くくり罠にかかっていた個体を槍で「止め刺し」した個体だ。銃で仕留めたシカもあった。また、たまにイノシシも持ち込まれるようだ。冬の猟期中は、一日一〇頭以上、もっとも多い日は二六頭持ち込まれたという。

運び込まれた個体は、すぐ処理場で解体される。一頭の皮を剥ぎ内蔵を抜くまでに一〇分くらいだった。想像以上に早い。テキパキとこなさないと間に合わないのだ。肉塊となった個体は冷蔵室に吊るしておき、約一週間熟成させる。

解体場の隣では、その熟成後の肉を部位ごとに切り分ける作業が行われていた。大きなまな板で骨から肉を切り取り、分けていく。そしてパッキングして冷凍する。

そうした活況な現場を見ていると、一見ビジネスとして成り立っているように思う。だが社長は「全然、利益は出ません。一時は廃業を考えたくらいです」と語る。

そこで聞くジビエ事情では、この業界の抱える根本的な問題が浮き彫りになっていた。

まず設立当初は、引き取る個体を有害駆除報奨金と合わせて五〇〇〇円で買い取っていた。当時の報奨金は二〇〇〇円程度だったから、そこに自社で上乗せしたのである。ただし、買い取る個体は選ぶ。肉が売り物になる個体でなければ引き取れない。具体的には銃で頭を撃ち抜いているか、心臓を止め刺ししていること。弾丸が腹部を貫いた個体は食肉にできない。

初年度の処理頭数は約四〇〇頭。七〇〇頭以上にならないと採算に合わないという試算だったが、スタートとしてはまずまずだった。そして毎年数を増やし、またシカ肉を扱うレストランなどの売り先も開拓していった。

会社の設立から数年後、丹波市から有害駆除のシカを受け入れることを求められた。

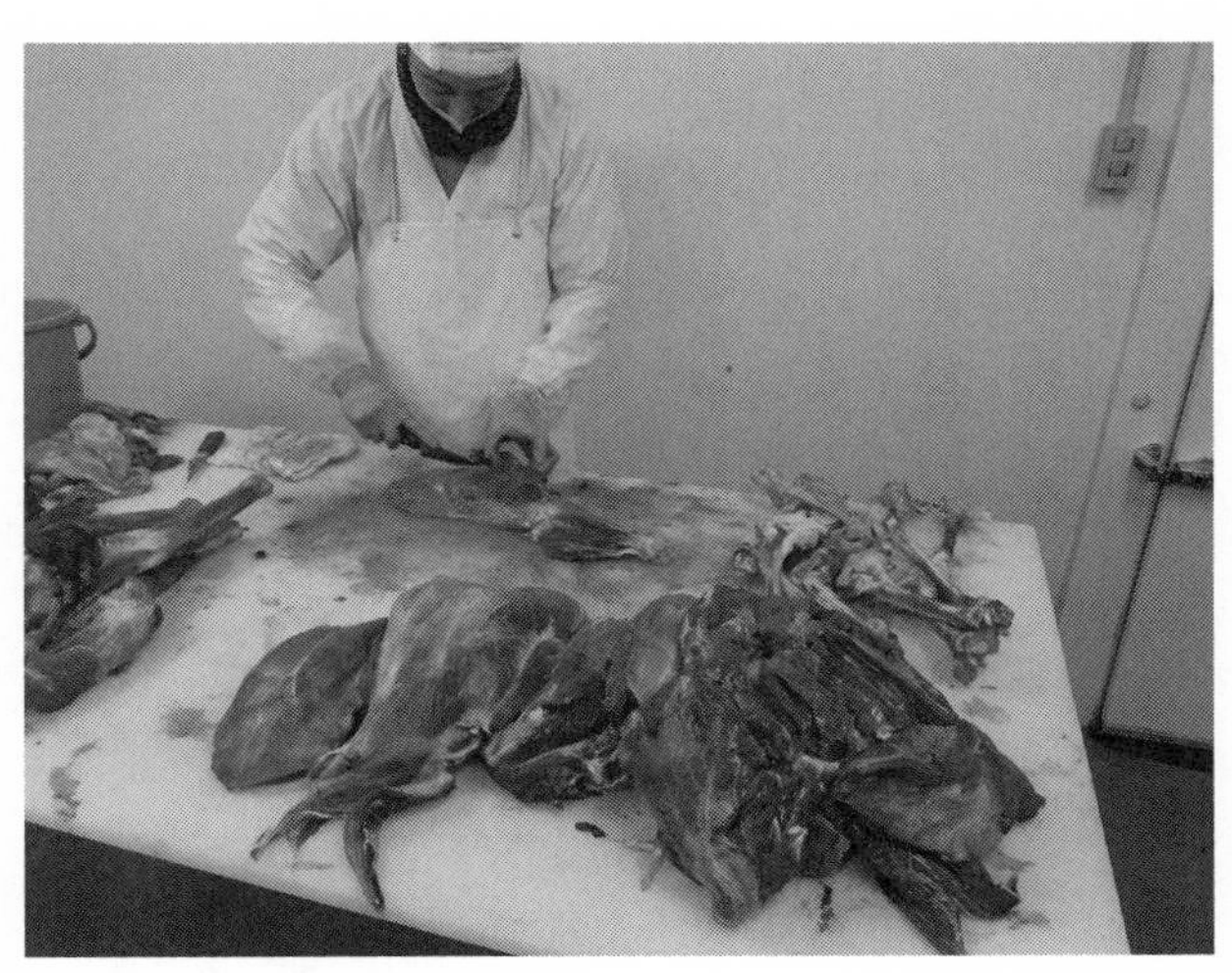

シカ肉を部位ごとに解体する

徐々に有害対策が強化されて駆除数が増えたのだが、それらを有効利用しようという発想だろう。その代わり市の補助金が出た。それを受け入れることで、持ち込み数は急拡大し、年間引き取り数は毎年一〇〇〇頭を優に超えた。ハンターには値上げされた報奨金（丹波市は七〇〇〇円）が渡された。だが、同時に食肉処理のコストが膨れ上がり、利益がほとんど出なくなった。むしろ経営は悪化したという。

シカ肉がビジネスとして難しい理由は何か。

先に記したとおり、肉質は、捕獲方法によって大きく左右される。銃弾の当たる場所や止め刺しの仕方も大切だが、解体までの時間が最重要だ。命を断たれた個体はすぐに腐敗を始める。施設の中には一時間以内と厳しくしているところもある。獲物の倒れた場所が道近くですぐに車に積み込めたらよいが、山の中だと車のある場所まで引っ張りだすのも大変だ。もちろん解体施設までの距離も影響する。時間との勝負なのだ。

さらに罠猟の場合は、罠の見回りを毎日行わなければならない。そして罠にかかった個体は、止め刺しを一撃で行えないと暴れて打ち身になる。鬱血すると「蒸れ肉」になる。暴れることで体温が上がり、血が筋肉に回って肉質が劣化するのだ。そうなると臭みが強くて食べられない。

ここで問題なのは、報奨金目当ての猟だと、肉質を気にしないことだ。だから毎日見回って回収しない。罠にかかって長く放置されていたら、事切れる場合もある。死んで時間の経ったシカを持ち込まれても、当然食肉にならない。

そして獲物の状態は合格としても、弾の破片などが体内に残っていないか金属探知機による検査を必要とすることもある。これらの作業もコストを増大させる。

ほかにも年齢やサイズによる肉質や量のばらつきも大きく、実際に食用に回せる部分はどんどん少なくなってしまう。とくにシカの場合は、売り物になる肉が少ない。重量で見ると、だいたい肉、内臓、骨と皮と角で三分の一ずつだが、肝心の肉も美味しくて売り物になるのは背ロースとモモ肉ぐらい。肉質がよい箇所はさらに少なくなる。ほかの部位の肉は臭くて人の口には合わない。

丹波姫もみじの統計では、販売できた肉は全体の一五%程度だった。体重六〇キロのシカでも、九キロしか取れない。だから肉の注文が増えても十分に供給できない。駆除個体を受け入れたことで、こうした〝食えない〟肉の割合を増やしてしまったという。

「持ち込まれた個体は全部引き取らねばならない契約ですが、まったく食肉に適していない個体も少なくない。有害駆除を行う人は、ジビエを意識しない人が多いから」

ジビエに向かない個体はどうするか。そして解体して食肉にならなかった部位はどうするか。これも受け入れ側で処分しなくてはならない。だが外に処分を依頼するとコストは膨れ上がる。これが利益を圧迫するわけだ。

さらに根本的な季節の問題もある。農業被害の観点からは、作物が育つ春から秋にかけて駆除するべきだ。ところが、シカもイノシシも肉に脂がのって美味しくなり需要が増えるのは秋から冬である。肉の価格も冬の方が高い。関係者によると夏の肉も美味しいというのだが、世間の目がそうなっていないため価格には反映しにくいのだ。

ちなみに解体施設は、通常一五〇〇万円かかるという。自治体施設の場合は数億円かけた話も聞く。この時点で採算は合わないだろう。結局、補助金頼みになってしまう。

移動式の解体施設としてジビエカーの開発も行われた。トラックの荷台に解体する設備を備えたものである。解体施設が近くにないため、仕留めた個体を運び込めないケースに対応するものだ。狩猟を行う現場にジビエカーを走らせるのである。しかし莫大な補助金を注ぎ込んでつくられた割には普及していない。

だいたい、いつ、どこで、何頭仕留められるかわからない獲物のためにジビエカーを走らせてもコストは引き合わないだろう。それにトラックが入れるのはある程度の幅員(ふくいん)のある道路までだ。そこまで獲物を運ぶ手間がかかる。そして道路まで引っ張り出したら、そのまま車で解体場まで運ぶことも可能だろう。出番はあまりなさそうだ。

やはりシカ肉をビジネスにするのは難しい。ただ可食部分が多いイノシシや、体格が本州のシカに比べて大きいエゾシカが対象の場合は、なんとか採算に合うようだ。

一つの試みとして、殺さず生きたまま捕獲する方法も考えられている。箱罠やアルパインキャッチャーと呼ばれる多数頭を囲い込む罠が用いられる。そしてしばらく柵の中などで飼育し、動物を落ち着かせた後に注文に応じて解体すれば、蒸れ肉化を防げるうえに出

住宅地のすぐそばに仕掛けられた箱罠

荷量を安定させられる。ただし、そのためには獲物を傷つけない罠でなくてはならない。加えて飼育期間は短期間にしないと餌代もかかるし、あまり多頭を柵内に閉じ込めると、それがストレスとなって暴れて傷つけ合う可能性もある。

この方式は、北海道でエゾシカを対象に行われている。また島根県でもイノシシを対象に、生体捕獲を行い、ジビエ供給に結びつけている。

ただ、生体捕獲が進めば「飼育」になる。ジビエブーム以前から、イノシシやシカを飼育し、イノシシ肉やシカ肉を提供する山村のビジネスがあった。そこでは捕獲したイノシシやシカを飼育するだけでなく、繁殖もさせていた。これでは有害駆除と結びつかない。

どうやらジビエが人気を呼べば害獣の駆除も進む、というほど単純ではないようだ。ジビエの普及は有害駆除とはまったく別の次元であり、連動していないのだ。

もし、獣害対策としての狩猟とジビエの普及を両立させようと思えば、現在の有害駆除体制を根本から組み直さないと難しい。ジビエを意識した駆除組織と効率的な解体処理施設、そしてジビエの販売先と綿密な連携を組む必要がある。

野生動物の資源化と駆除の担い手

ジビエと言っても、衛生上の問題や蒸れ肉など人が食べられない肉が多いことを説明してきたが、そうした肉の新たな利用法が注目されている。

動物園の肉食獣の餌である。動物園では、通常ウマなど家畜の肉を切り刻んだ精肉を肉食獣に与えている。しかし本来の肉食獣なら、自らの牙で獲物の皮を剥ぎ、骨をしゃぶったり、かみ砕いたりして肉を食っているはずだ。実際の生息環境との違いは、動物たちにストレスを感じさせて異常行動の元にもなるという。また、この給餌法は「本来の動物の生態を見せ、研究する」という動物園の理念や役割からズレてしまいがちだ。そこで、有害駆除個体を餌にする試みが始まっているのだ。

すでに欧米の動物園では、動物そのままの形を餌とする「屠体給餌」が一般的に行われている。飼育動物の環境を自然界に近くする「環境エンリッチメント」という手法である。日本では、福岡県の大牟田市動物園で屠体給餌を実施している。きっかけは、科学コミュニケーターの大渕希郷さんと当時この動物園に勤務していた伴和幸さんの雑談から提案されて実現へと向かったそうである。

最初に行われたのは二〇一七年の夏。そのときは、トラとライオンに屋久島で駆除されたヤクシカを供することになった。

もっとも、駆除したシカやイノシシを単に肉食獣に与えたらよいというものではない。野生鳥獣の持つ寄生虫や病原体が飼育下にある動物へ感染する可能性があるからである。

そこで、腐りやすい頭を落とし、内臓を抜いた状態でヤクシカを冷凍した。冷凍すれば寄生虫は死滅する。さらに、給餌前に熱処理をする。といっても煮たり焼いたりすると肉質も食感も変わってしまい、自然な餌でもなくなる。そこで生肉に近い食感を保つことのできる低温殺菌処理(摂氏六三度、三〇分)を行った。これは定温を保つ調理器具を使えば比較的容易だ。しかも、人間が食べる場合と同レベルの衛星処理が可能である。

ただ心配なのは、見学者の反応だった。毛皮に包まれた動物の形を残す餌に肉食獣が食いつくシーンを残酷だと感じて、否定的な反応が出たら動物園としては困る。そのため事前に見学者へていねいに解説し、質疑応答などの対話を行うことにした。そこでは本来の野生動物が食べている餌の話や、広がる獣害と駆除個体の処分の問題などを説明し、それらの課題解決の一つの方法であることを伝えてから実施するのである。

最初の屠体給餌では、ライオンとトラは骨を含めてすべて平らげた。とくに一頭のオスライオンは、通常の給餌と違って、ほえる、屠体をくわえて走る、前肢でつつくなどの行動を見せ、骨もかみ砕きながら食べた。これは自然界の行動に近い。なお難消化性の骨を食べると、整腸作用を促進し、体調をよくする効果も見込めるそうだ。

見学者にとったアンケートによると、採食の様子を見るのに抵抗を感じた人は一割程度で、多くが肯定的だったという。

大牟田市動物園の屠体給餌は、今では月に幾度か行われている。現在与えられる屠体は、福岡県の山で駆除されたシカやイノシシだそうだ。この活動を受けて、京都市動物園でも試みられている。さらに岩手県盛岡市動物公園や茨城県日立市のかみね動物園、熊本市動物園など、全国十数カ所でライオンやトラ、ピューマ、ヒグマ、コンドル、ワシなどを対

ライオンへの屠体給餌
提供：大牟田市動物園

象に行われるようになった。今後、各地で広がりそうだ。屠体給餌を推進するために「ワイルド・ミート・ズー」という団体もつくられた。

もちろん、この方法で使われる駆除個体の量は限られているし、また動物園の餌を全部「屠体」に切り換えられるわけでもない。しかし飼育環境をよくするだけでなく、見学者にとっても、人間社会に害を与える獣害問題について考えてもらうきっかけになるだろう。

また、動物園に限らずイヌ・ネコを含めたペットの餌としての加工を推進する動きもある。人間用のような衛生面の手間が緩和されるし、蒸れ肉など味の下落によって売れなくなることもない。ただドッグフードの原料にすると価格は安くなってしまう。

しかし、干し肉（ジャーキー）にすると高価格で売れる。ハンター自らが製造して販売するケースもあるという。干し肉は、イヌやネコにとって野生状態に近い餌だからなのか、非常に食いつきがよいそうだ。

こうした駆除個体の利用は、いろいろメリットがある。販売利益を得るだけでなく、焼却や埋没処分をしなくてもよいことや、生あるものを殺した末の「もったいない」意識を和らげ、ハンターの心理的負担を弱める点からも一考に値するかもしれない。

私自身も、人間が食べるジビエにこだわらず、屠体給餌やペットフードなどの利用を進める方が現実的だと感じている。それは、人が野生動物を身近に感じる機会になると想像できるからだ。

なお野生動物の利用・資源化という観点からは、利用するのは肉だけではない。まず考えられるのは、毛皮や皮革という資源である。

毛皮は、解体時に必ず得られる。毛皮そのものは保存が効くので、ストックもしやすい。

もちろん毛皮もしくは皮革に加工するには専門の施設と設備が必要だが、流通ルートを整備すれば一定の利益を得るのが可能だろう。

ほかにオスジカの角も資源になる。一般には枝分かれした角がオブジェとなるほか、彫刻素材などに供されているが、隠れた高付加価値商品として鹿茸（ろくじょう）がある。これは角が伸び始める春先の皮を被ったままの小さな袋角（ふくろづの）である。これが漢方薬の原料になるのだ。

そのほか骨や内臓は、以前は肥料や飼料に加工されていたのだが、ＢＳＥ（牛海綿状脳症）の原因とされたために、不可能となってしまった。

野生動物の資源化にはいろいろな可能性があるものの、難問は採算ベースに乗せるシステムが必要なことと、採取方法である。袋角を野生シカから採取するのは難しい。毛皮も、もし銃弾が多数の穴を開けていたら価値は落ちてしまう。結局、利用のための捕獲方法は駆除とは違うのだ。

それに資源化を意識すれば、捕獲するより飼育する方が効率的だ。そのためのイノシシ牧場、シカ牧場になってしまえば本末転倒だろう。

獣害対策は防護と予防にあり

ここまで、ジビエを普及させても、駆除数が増えて獣害対策につなげられるわけではないと指摘してきた。原点にもどって獣害を抑える方法について整理しておこう。

まず加害個体の頭数を減らすのが「駆除」である。昨今はこればかりが注目されてしまっている。だが、その前に作物などを柵で囲って害獣を近づけない「防護」があり、さらに被害を及ぼす場所に野生動物を引き寄せない「予防」がある。

まず「駆除」は、猟銃や罠によって、害獣を殺すか捕らえる（たいてい殺処分する）。この手法の説明は繰り返さないが、「獣害の発生を抑える」という原点について考えておきたい。

なぜなら獣害対策としての「駆除」という選択肢は、「駆除して個体数を減らす＝個体数が減れば獣害が減る」という単純な論法が前提になっているからだ。しかし全国各地で「駆除」が被害軽減につながったという報告はあまりない。これまでのデータによると、必ずしも個体数と被害量には相関関係が見出せない。とくにシカの場合、生息数を半分にしても被害はほとんど減らないようだ。かといって八割九割も駆除するのはほとんど不可能だろう。獣害は駆除だけでは解決しないことを示しているように思える。

加えて重要なのは、「本当に被害を出している個体を駆除できているのか」という点だ。すべての野生動物が人里に出たいわけではない。動物にも個性があり、危険を冒して人里の餌を狙う個体ばかりではないのだ。警戒心が強く近づかない個体も多い。彼らは農作物の美味しさを知らない、もしくは知っても危険性と天秤にかけて農地を狙わない。

専門家も、その点を指摘している。

「シカやイノシシのなかでも農作物を狙う個体は決まっていて、彼らは山に餌が十分あっても美味しい農作物を知ると人里に現れます。だから山奥にいる個体を捕獲しても、被害は減りません」(国立研究開発法人農研機構西日本農業研究センターの江口祐輔さん)

そのうえ「駆除」自体にも限界がある。担い手の高齢化と減少が進んでいることに加えて、銃器や罠は、撃ち方・仕掛け方などに専門的な技術が必要だ。罠は設置の労力や毎日の見回りなどの手間も大きい。そして費用の問題もある。

では「防護」はどうか。具体的には被害を受けるものに加害個体が近づけないよう防護柵を張ることになる。これは農作物や樹木の単体をガードするものと、農地や林地を囲むもの、そして野生動物が入れないように集落など地域全体を囲む三つの段階がある。柵をしっかり設置したら、柵の内側の農作物は守れるはずである。

しかし、設置の仕方を誤るケースが少なくない。動物の生態を知って行うべきだが、自己流が多かったり、業者に委託して住民が我関せずのままだったりすると上手くいかない。たとえば、防護網が低いと飛び越えられる。また網の地際をしっかり押さえないと、シカやイノシシは簡単に持ち上げてくぐってしまう。斜面の柵は、上から飛び越えることもある。樹木の枝が柵の上に伸びればサルは簡単に越えてしまう。電気柵も、繁った雑草が接触したら漏電して効果がなくなる。それにイノシシは鼻面以外通電しにくいから、設置に工夫がいる。

何より防護柵はメンテナンスが重要である。多大な手間とコストをかけて設置したのに、その後を放置すると、雑草や雑木に覆われて効果を減じる。一カ所のほころびが全体に広がる。誰が定期的にメンテナンスを担うか決めておかないと、すぐ柵の役目が失われる。

そもそも防護そのものを面倒がる農家も多いと聞く。兼業化しているうえに高齢化が進んだからだろう。「畑を柵で囲んだのに被害が出た」と言うので調べたところ、柵の出入り口を閉め忘れていたケースが意外と多いそうだ。閉めても鍵をかけないと、扉を揺すったり体当たりしたりして開けられる。サルの場合は、鍵そのものを器用に開けてしまう。

また集落全体を柵で囲む場合も、一重ではすぐ破られる。分割して囲う必要がある。そもそも道路や河川は封鎖できないから、工夫も必要だ。

なお林業地でも、植林したらその区域に柵を設けることが増えたが、地形が複雑なうえメンテナンスも滅多にできないから効果は出にくい。私の参加した植林地でも、その周りを全部防護柵で囲んだ。ところが、後にその柵の見回りに同行したら、各所に穴が空けられていた。「本当にシカ?」と思えるほど、金網をねじ切っていたり、支柱を倒したりしている。「この山のシカはペンチを持っている」という冗談が出たほどだ。

最近はツリーシェルターが使われる。苗木一本一本に筒状のカバーをかぶせるものだ。効果は高いが、苗が生長して筒から飛び出すと食われる。当たり前だが……。これも生長に合わせたメンテナンスが必要だ。そして設置費が高くつく。

結局「防護」は、当事者意識がないと効果は限定的だ。

そして、最後に「予防」がある。最初から寄せつけないことだ。

農作物という「美味しい餌」を覚えた個体は繰り返しやってくる。なぜ味を覚えたか。そうしたことを知らねばならないのだが、農家は意外と無頓着である。

里に来た動物が最初に狙うのは、収穫する農作物よりも農業廃棄物だ。農地には間引いたり出来の悪かった作物が捨てられ、カキやクリ、ミカンなど実を付けたままの果樹がある。田んぼの稲刈り取り後の株からヒコバエが生え、ときに穂まで実らせる。すでに野生動物が増えた理由として紹介したが、これらを餌とさせないことが「予防」である。

ちなみに廃棄物を食べる動物が現れても、農家の人はなかなか追わない。どうも「廃棄物を食べて満腹になったら農作物を食べないでくれるのではないか」という希望的観測を持つらしい。農家は収入源の農作物を食べられると被害者意識を持つが、収穫物以外に対しては鷹揚らしい。しかし、廃棄物を食べた動物は作物の味を覚え、次は農作物そのものを狙う。しかも人は怖くないことを覚える。

だから農業廃棄物を放置しない、餌になりそうなものは全部取る、農地周辺でシカやイノシシを見かけたら必ず追う、といった措置が重要だ。野生動物に人里は危険だと思わせ、何より農作物の「美味しさ」を教えないようにしなければいけない。

そうした知識を身につけた人に与えられる資格もある。農作物野生鳥獣被害対策アドバイザー（農水省）、鳥獣保護管理プランナーと鳥獣保護管理捕獲コーディネーター（環境省）などだ。自治体でも研修を行い、農家に指導と普及活動を行っている。

ただし「予防」できる獣害は、基本的に農業被害だけだ。残念ながら森林被害、林業被害に対して誘引する餌を減らす方法は難しい。

なお昔の農山村集落では、イヌの放し飼いやウシなどの放牧が行われていた。それは野生動物を追い払う効果がいくらかあったからだろう。番犬もしくは大型動物の存在が「防護」と「予防」の両面を持っていたのである。そこで放棄農地や森林にウシやヤギを放牧することで獣害発生を減らす試みも行われている。草刈り効果もあるうえ、大型動物の気配が、野生のイノシシやシカの警戒を呼び起こすのである。

最後に、新しく考え出されたシカの駆除方法も紹介しておこう。静岡県農林技術研究所森林・林業研究センターが開発した硝酸塩入りの餌を食べさせる方法だ。

シカやウシなどの反芻動物はいったん飲み込んだ食物を口の中にもどし、噛み直す動作を繰り返す。そしてかみ砕いた植物細胞などを胃内の微生物に分解させるのだが、その過程で硝酸塩が亜硝酸イオンに変わる。この亜硝酸イオンが赤血球のヘモグロビンを酸素運搬能力のないメトヘモグロビンに変えると、酸素欠乏症に陥るのだ。そこで硝酸塩入りの餌を散布し、シカに食べさせることで死に至らしめる作戦である。

散布だけなら、手間もコストも大きく下げることができる。硝酸塩は自然界にも存在し、生態系への影響も少ない。ただ問題は、鳥獣保護法の「駆除個体の放置禁止」項目に抵触し、家畜に影響を及ぼす可能性もゼロではないから、「危険猟法」に該当する可能性があるということだ。そこで法に抵触しない使用法などを現在研究中だ。また対象となるのはシカとカモシカだけであって、ほかの害獣には効かない。

ともあれ、「駆除」「防護」「予防」の各分野でさまざまな研究が行われている。それぞれの条件に合わせて方策を選択し、ときに組み合わせて対策をとるしかないだろう。

第五章　獣害列島の行く末

トキは害鳥！ 苛烈な江戸時代の獣害

これまで、日本全国で獣害が苛烈を極める様子を紹介してきた。ようやく事態の深刻さに世間の人々も気づき始めて、行政も獣害対策に取り組むようになってきた。

ただ、その際に行われる説明に、多少の違和感がある。というのは「これほど獣害が増加したのは日本史上初めて」で、獣害問題の裏には「現代の日本が、自然界を大きく変えてしまったからではないか」と、野生動物が増えた原因を現代社会に求める傾向にあることだ。その点は、研究者も同じような言葉を発しているケースが少なくない。

本当に「日本史上初めて」だろうか。かつて日本人と野生動物は上手く棲み分けて、それぞれが平和に暮らしていたのだろうか。それなのに人間が奥山を開発したことでバランスが崩れ、動物はやむを得ず人里まで出没し始めたのだろうか。

現在の農作物に対する獣害（主にイノシシやシカによるもの）が指摘されるようになったのは、一九八〇年代以降である。それ以前にもニホンカモシカの植林地被害が問題になったりもしたが、まだ奥山に限られていた。農作物被害でも、まだ農家の我慢できる範囲内に収まっていた。戦前も、獣害問題が強く取り上げられた形跡は見当たらない。

しかし時代をさらに遡り、江戸時代の様子をうかがうと、現代とまったくそっくりな、むしろ今以上に獣害が苛烈を極めていた状況が浮かび上がる。

『鉄砲を手放さなかった百姓たち』（朝日新聞出版）によると、江戸時代は武士より農民の方が多くの鉄砲を持っていたそうだが、その理由は獣害対策だった。この本では農山村から出された多くの行政文書から実例を紹介しているが、なかには「田畑の六割を荒らされた」「作物が全滅した」という嘆願書が並び、年貢が納められなくなって大幅に減免してもらった記録もある。だから、藩や代官に駆除のため鉄砲の使用を願い出ているのだ。

また藩を上げて害獣を駆除した例もある。各地でイノシシやシカを大々的に駆除した記録があるのだ。それは農民だけに任せず、侍も前面に出て行う大作戦だった。

たとえば東北の秋田藩では、男鹿半島でシカの駆除事業を展開した。記録では一七一二年に三〇〇〇〇頭、一七五一年に九三〇〇〇頭と捕獲したが、一七七二年にはなんと二万七〇〇〇頭も獲ったという。また弘前藩（青森県）も江戸時代から継続的にシカを獲り続けて、一九一〇年に絶滅宣言を出している。

対馬藩でも、一七〇〇年から九年がかりで「猪鹿追詰（いじかおいつめ）」と名付けられた全島挙げての駆除が行われ、八万頭以上を駆除しイノシシを絶滅に追い込んだ。シカは完全に駆除せず一部を残した。この時代は、徳川綱吉が将軍で「生類憐れみの令」が出ていた時期である。

続けて、ちょっと意外な昔の動物の農業被害、とくに鳥類を取り上げよう。

まずトキだ。絶滅危惧種で、特別天然記念物。学名がニッポニア・ニッポンであるように、日本の代表的な鳥だったとされる。二〇〇三年に日本最後の個体が亡くなったため、中国にわずかに生息していた同種を移入して繁殖に成功、佐渡島で復活させた。数を増やして少しずつ野に放ち、野生トキの復活を目指している。二〇一九年時には約六〇〇羽まで増えて、四三〇羽（二〇二〇年）を越える数が放鳥されたから、とりあえず絶滅を回避できたようである（中国、韓国でも飼育に成功して数を増やしている）。そんなトキも、害鳥だった時代がある。

トキは、江戸時代に人為的に全国に移植されたという。羽が矢羽根などに珍重されたことで武士が求めたことが理由のようだ。だからトキの羽を拾うと武士が買い上げたという。ほかに食用にもなった。ところが、トキの移入は農村に騒動を引き起こす。

加賀藩（現・石川県）では、近江の国から一〇〇羽のトキを移入し砺波（となみ）平野に放ったという。そして周囲を「御留山（おとめやま）」に指定し、樹木の伐採や鳥獣の捕獲などを制限した。ところが時代とともにトキが増えすぎて、稲を踏み荒らすために駆除する事態になった、という記録が残る。

また阿波の国（現・徳島県）でも、持ち込んだトキが増えすぎて農作物被害が頻発したため、とうとう鉄砲で駆除することを解禁している。

現在でも放鳥されたトキによる農作物被害はある。水田の稲の苗を踏みつぶしたり、希少種のサドガエルを捕食したりする問題が起きている。さすがに「トキを駆除しろ」という声は上がらないが、地元は今後処置に悩まされるのではないか。

北海道のタンチョウヅルもよく似た経緯をたどる。明治時代の乱獲と農地開発がたたって激減していたが、釧路湿原で再発見され国の天然記念物（後に特別天然記念物）に指定された。そこで冬の給餌などの保護策をとったおかげで、順調に数がもどってきた。

現在は一八〇〇羽あまり生息するが、増加とともに地元の農業被害がひどくなっている。そこで環境省は給餌量を削減し始めた。しかし増えたタンチョウが餌を求めて拡散すれば、被害も各地に広がるかもしれない。

ヤンバルクイナも潜在的に心配な存在だ。沖縄北部の「やんばるの森」で発見され新種として認定されたのは一九八一年。飛ばない鳥が日本列島で見つかったことにも沸き立った。そして保護されるとともに飼育が試みられて、自然孵化および人工孵化に成功している。マングースやノネコなどヤンバルクイナの天敵駆除も進めた。生息数は一時期七〇〇羽程度と推定されていたが、二〇一四年で約一五〇〇羽となり回復傾向にある。

しかし現地で話を聞くと、農作物を荒らす害鳥だそうである。「発見」される前は、普通に捕らえて殺していたそうだ。そして食べたとか。それに「学者が調査している森とは別の場所に、たくさん生息している」ともいう。

今は希少種でも、数が増えると被害を発生させる動物は多いのだ。

獣害が少なかった時代の謎解き

本書では、現在の日本列島で野生動物が増えていることを記してきた。また江戸時代も、獣害の多さから野生動物が豊富に生息していた記録があることに触れた。しかしその間、幕末から昭和初期まで（一八〇〇年代後半から一九七〇年代まで）、日本列島は野生動物にとって棲みやすい地ではなかったようだ。様相が変わったのは、一九八〇年に入ってからだろう。

野生動物の生息数を長期スパンで見て、折れ線グラフにするとU字を描くようだ。ボトムは、おそらく昭和初期だろう。このことを念頭に置かないと、現在の生息数の増加（そして獣害の増加）を異常だと見なしてしまう。

では、なぜ明治から昭和にかけて野生動物は少なかったのだろうか。

原因の一つとして考えられるのは、幕藩体制下にはあった銃規制や駆除の規制が明治政府によって撤廃されたことがある。そのため「獲り放題」になった。明治政府は改めて規制をかけるのだが、そのタイムラグの間に多くの野生動物が駆逐されたと考えられる。

さらに獣害対策だけでなく、食肉として鳥類のほかウサギ、シカ、イノシシなどが狙われた。江戸時代も肉食はこっそりと行われていたが、明治に入ると公に奨励されるようになった。とはいえ家畜の肉はあまり出回らず、ジビエが重宝されたのである。

狩猟には、高性能の銃が導入された。村田銃と呼ばれる猟銃は命中精度が高く、次弾発射までが早くて使いやすかった。これは薩摩藩の村田経芳が開発した小銃で、初の国産小銃として陸軍に採用された。それが一八八〇年ごろから民間に払い下げられるのだが、火縄銃が中心だった猟銃が一新され、効率が高まった。

一方で、毛皮需要が高まったことも外せない。毛皮は、欧米への輸出商品として人気だったうえに軍事物資としても重要で、その調達のため野生動物の捕獲が奨励された。とくに日本軍が大陸へ侵攻すると、防寒用軍服などに毛皮は重要だったのだ。

一八八〇年代には軍用に毛皮を調達するための制度がつくられ、毛皮市場も形成された。

現在の大日本猟友会につながる組織が結成されたのもこの時期である。国の主導で狩猟者の組織化が進められたのだった。

毛皮の対象となったのは、ツキノワグマにヒグマ、カモシカ、シカ、キツネ、タヌキ、ウサギ、イタチ、オコジョ、カワウソなど多岐に渡る。よい毛皮のとれる動物は、軒並み狙われた。さらにラッコやアザラシなど海棲哺乳類も対象になった。

一九一〇年代になると、農家が副収入源として毛皮動物の養殖を始めている。小学校によるウサギの飼育も行われるようになった。現在は「命の教育のため」とされる生き物の飼育も、元は毛皮の生産事業だったのである。それというのも、野生動物が減ったからだろう。そこで在来の動物だけでなく、積極的に優秀な毛皮用動物が導入される。アナウサギ、ヒツジのほかミンクやヌートリアなどが持ち込まれて養殖対象になった。それでも毛皮は足りず、太平洋戦争中には飼い犬の供出命令まで出されている。

結果的にニホンカワウソを絶滅に追い込み、逆に導入したミンクやヌートリアが逃げ出したり放逐されたりしたことから、野生化して侵略的外来種になってしまう。

ともあれ野生動物は徹底的に捕獲され利用された。それが生息数を著しく落とす元になったのは間違いない。しかし、それだけでは説明がつかない。すでに幕末から野生動物の減少は進んでいたからだ。

もっと根源的な理由として、日本の山野が荒廃したことが大きいと考えられる。それは近年進んだ里山の研究からも浮かび上がる。里山は必ずしも人と自然の調和の取れた美しい空間ではなく、常に人の過剰利用で荒れていた。日本人が思い描く「日本の原風景」の里山は、昭和前半まで存在しなかったというのだ。

山野の荒廃は古くから進行していた。建築や道具の素材のほとんど、そして燃料も木質バイオマスに頼っていた。とくに都市が発達すれば森林も荒廃していく。住居だけでなく、寺院や宮殿、城を建築し、土器や瓦・陶器の製造、製塩、金属の精錬などの燃料に薪が求められた。もちろん炊事や暖房など日々の暮らしにも薪が必要だった。それは周辺の森から木が大量に採取されることを意味する。人口が少なければ、自然界の回復力で復元するのだが、時代が進むと過剰利用が自然を破壊してしまう。

私の住む奈良と大阪の境に横たわる生駒山地で行われた花粉分析では、一二世紀をピークに二次林化（厚生林が破壊され、自然に、あるいは人為的に再生すること）が急速に進み、マツ林に変わったことがわかっている。マツは痩せた土地に最後に生える樹種だ。さらに江戸時代には中腹まで棚田や段々畑が開墾され、草山化が進行した。私の幼い頃、見上げた生駒山の尾根筋は草原だった記憶がある。そんな状況は、全国の山野でも見られたのだろう。

全国的に江戸時代後期は、森林の伐採が進んだ。その結果、日本全土にはげ山が広がった。森があれば、狩りで追われた動物も逃げ込んで生命をつなげられたかもしれないが、森がなくなる、あるいは疎林化すると隠れるところを失ってしまう。もちろん草木や木の実などの餌も減っただろう。草食動物が減れば肉食動物の生存も厳しくなる。そうした環境の変化が野生動物の生息を厳しくしたのではないだろうか。

明治後半になると、全国的に植林が奨励されたが、相次ぐ戦争に軍需物資として木材の調達が優先された。また戦後は焼け野原になった町の復興のためにも木材が求められて伐採が加速した。こんな状態では、野生動物の生息場所は危うかっただろう。

現在の獣害の増加は、荒れ果てていた森林が回復するとともに、野生動物が増加した結果として起きたとも言える。動物が増えたことは異常ではなく、「ようやく江戸時代前期と同じ程度までもどった」と考えるべきだ。むしろ、獣害の少なかった一〇〇年ばかりの間が異常な時代だったのだ。

いずれにしろ急増する獣害に対策を打つには、日本の自然環境の移り変わりを正確に把握しておくべきだろう。

戦後に激変した日本列島の自然

太平洋戦争が終結してからの、戦後の自然はどんな道筋をたどっただろうか。

先述したとおり、戦後復興の資材として木材が求められ、より伐採が進んだ面がある。しかも敗戦した身ゆえ、外貨は底をついており木材輸入も難しい。

荒れた山は洪水や山崩れなど災害を多発させた。台風が来るたびに大規模な浸水や山の崩壊が相次いでいる。それは戦時に堤防などの整備ができなかった面もあるが、やはり山が荒れていたことが大きい。通常の雨でも土砂を流出させ、河川に大量の降雨が流出して洪水を引き起こしたのである。

ただ、木材は不足したから、価格が暴騰した。そこで造林熱も高まる。主に求められるのは建築用になる針葉樹だ。スギ、ヒノキ、マツ、カラマツなどが植えられた。政府も造林政策を推進した。植林には補助金が出たので、伐採後のはげ山や草原、さらに木の生えていない荒野まで競って植えたという。スギの伐期を三五〜四〇年に設定して、伐り出すと大いに儲かるはずだった。

一方で、エネルギー源として石炭石油、ガスなどの普及が進み、薪や木炭の需要は縮んだ。農業でも化学肥料が広く利用されるようになって、草や落ち葉による堆肥づくりが行われなくなった。結果として雑木林が利用されなくなって、草木は成長するがままだった。

かくして日本列島の緑の復元は急速に進んだ。植えられた苗木は、ノネズミやウサギ、シカ、カモシカなど草食動物のよい餌になる。跡地に繁る雑草も草食動物にとって有り難い餌である。雑木林も放置されることで草木が大きく繁った。また拡大造林政策もとられた。建築材に使いづらい広葉樹（低質未利用広葉樹と呼ばれる）主体の天然林や雑木林を伐採して、スギやヒノキを植える政策だ。新たな植林地が拡大したのである。

餌が豊富になってノネズミ（アカネズミやヒメネズミ、ハタネズミなど）が増えたことは、キツネやタヌキ、イタチ、テン、それにフクロウやタカなど猛禽類に餌を提供した。草食動物だけでなく肉食動物にとっても増える条件が整いだしたのである。

おそらく山野の緑が回復してきた一九六〇年代頃から野生動物の数は回復傾向に入ったと思われる。それは自然が回復する過程でもあった。

また、社会情勢も変化を見せた。木材不足の続くなか、木材輸入が解禁になった。外貨準備高も増えたからである。まずアメリカやソ連から木材が入ってくるようになり、さらに東南アジアから熱帯木材が大量に輸入されるようになった。そこにドルショックが起きて、為替が円高基調になる。すると輸入木材の価格は大幅に下落した。また高度経済成長が続くことで、人が町に出るようになり、農山村の過疎化が進みだした。

その結果、あれほどの熱意で植えられた植林地は見捨てられるようになった。農業も米あまりから減反政策に転じ、稲作も抑制された。まず対象となったのは耕作が不利な棚田など山裾の農地だ。耕作放棄地はすぐ雑草が生えてブッシュ化・森林化した。同じく雑木林も、草刈りも薪採取もせず放棄されていった。おかげで山には木が密生するようになる。

ここまで条件が整えば、野生動物にとって絶好の生息場所の誕生だ。餌はある。隠れ家もある。しかも美味しい餌のある農地のすぐ側まで潜むブッシュが広がっている。人は減って、見回りもあまりされない。動物側も農作物を狙いたくなるだろう。数も増えて、新たな餌場を求めなくてはならない。かくして獣害が多発し始めたのではないか。

日本の自然は戦後大きく変化した。それは豊かになる方向に変わったのだ。開発で自然破壊が進んだと指摘されるが、それは視点が違う。たしかに人にとって身近な緑地や農地などが削られて道路や工業団地などの施設に変貌したところはあるが、逆に人が手を入れなくなった土地も膨大にあるのだ。日本列島全体では、あきらかに植生は豊かになっている。国土の森林率は七割近く、これは世界最高水準である。

ただ自然界は、さらに変化を続けている。

当初は荒れた植生が回復していく過程だった。はげ山に草が茂り低木のブッシュから高木が生えてきた。そして落葉広葉樹林になり、野生動物や昆虫なども数を増やして「豊かな自然」がもどってきた。

それが放置されることでさらに遷移が進み、照葉樹が増えてきた。照葉樹林は、林内が暗くなりがちだ。明るい森に適応していた草花や昆虫にとっては棲みづらくなってきた。

マツ枯れも発生した。これはアメリカから侵入したマツノザイセンチュウがマツノマダラカミキリに媒介されて引き起こすが、残されていたマツが一斉に枯れ始めた。

さらに現在はナラ枯れが広がっている。こちらはカシノナガキクイムシとナラ菌によって、ブナ科のミズナラやコナラなどがどんどん枯れていく現象だ。とくに太い木ほど虫が入りやすい。しかも枯死（こし）後にカシナガが大量に飛び立ち、周辺の木へ伝播する。ナラの木が多い山は全山が枯れ木に覆われたかのようだ。こうして植生が大きく変化しつつある。

植生が豊かになっていた一九八〇年代と比べると、現在は劣化し始めたのかもしれない。

これによって、野生動物の生息にはどんな影響が出るだろうか。

撤退する人間社会と狙われる都会

近年、都会でも野生動物の出没が相次いでいる。

ワイドショーでは、東京二三区内に侵入したニホンザルを追いかけるシーンが幾度も登場するし、ほかにも都心にタヌキがいた、アナグマがいた、ハクビシンがいた、空飛ぶ怪獣？　いやムササビだ、といった話題がよく取り上げられる。さらに街中にイノシシやシカが出て大騒ぎになる。鳥類では、カラスだけではなく、ハヤブサやオオタカのような猛禽類が都会のビルに巣をつくっている。東京だって、結構な野生動物が棲んでいるのだ。どうやって都心まで到達したのか疑問を持つ人もいるが、実は河川敷や緑地帯を通ることで、郊外から都心まで比較的目立たずに侵入できる。

もちろんこういった兆候は東京に限らず、大阪や名古屋、福岡、札幌といった都会でも起きている。試みにインターネットで各都市名とイノシシやクマなど野生動物の名を打ち込んで検索すると、目撃情報はいくらでも出てくる。野生動物の出没自体がニュースになっているのだ。都会で暮らす人々にとって、野生動物の出没はやはり非日常性があるのだろう。

ただニュースバリューがあるのはいつまでか。地方都市レベルでは、動物の出現など珍しくもない。ローカルニュースにもならない。すでに日常の一コマなのだ。せいぜい自治体や町内会が出す情報ぐらいである。直接被害が及びそうな人へ伝える程度だ。

もはや「野生動物を見かけるのは田舎の証拠」という思い込みは時代遅れとなっている。じわじわと野生動物たちは生息域を都会へ広げているのだ。

今後どうなるか。この流れで想像すると、野生動物が地方都市から大都会へ進出を果たす可能性が高い。生息数が増えていけば、自らのホームレンジ（行動圏）を確保するため新天地を探すようになる。最初のターゲットが里山だったのは、奥山に隣接し、餌も多くあり、なおかつ人間の減少が始まっていたからだ。山間の集落の次に狙うのは地方都市であり、さらに中核都市、そして大都会へと拡大していくのではないか。

田舎から都会へと言えば、まるで若者の人口移動のように聞こえるが、基本的に違う。都会が若者を吸い上げて田舎が過疎になるのとは違って、田舎でも動物は増えているから動物過疎地は生まれない。野生動物はひたすら生息域を膨張させていくのだ。

都会に住む人々は「緑の少ない都会に野生動物がやって来ても棲めない」と思いがちだ

が、意外と生息に適した環境は多いのだ。大都市圏にはたいてい大規模公園があり、池や堀など水辺も残る。さらに住宅街には小規模ながら公園緑地があり、街路樹が街中に伸びている。三面コンクリート張りの河川でも、岸や川床に泥が溜まり砂州ができると、そこに草木が生えるし、近年は水質もよくなり魚も増えている。それが在来種かどうかはわからないが……。

さらに都会でも人口減少は始まっている。それは空き家の増加を招くが、人の住んでいない一軒家は動物のねぐらになる。庭と崩れかけた建物は隠れ家に最適。ビルも生息場所となる大小の穴が意外と開いているから小動物や鳥類には都合よい。

そして餌もある。街路樹や公園、空き地などは、草木が茂った餌の供給源だ。加えて大量の残飯。ゴミ収集場は餌場となる。一時期、カラスの被害が続出したことで最近は網をかけたりカゴに入れたりするようになったが、まだまだ漁れる場は多くあり、野生動物にとっては絶好のグルメ・スポットとなる。これは農村の農業廃棄物と同じく、野生動物の誘引効果が大きい。

加えて、人が餌を与えるケースも馬鹿にならない。ノライヌ・ノラネコに限らず、イノシシやシカ、ときとしてクマやサルにまでわざわざ餌を用意して与える人がいる。ペット感覚で食べる姿を楽しむのだろうが、思慮の浅い行動だ。これこそ都会に野生動物を招く元になる。

鳥類は、すでに緑地に多く進出している。街路樹が鳥を呼び寄せていることを示す研究もある。しかもモザイク状の緑地をネットワーク化しており、昆虫や植物の種子を運ぶことで生物多様性に寄与しているという。なかにはハヤブサのような猛禽類もいる。

小動物（ネズミやリス、コウモリなど）はすでに多く生息しているし、それを餌にする中型動物（タヌキ、キツネ、イタチ、アナグマ、アライグマ、ハクビシンなど）も増えてきた。

付け加えると、ペットも増加傾向にあり、それが放される機会が増えた。ノラネコや地域ネコと呼ぶような、飼い主が定まらないまま地域に根付いた動物も多い。有志の人々が餌をあげ、糞などの始末をすることが美談のように語られがちだが、放し飼いそのものが問題だ。ほかにも逃げ出したハムスターやフェレット（イタチの仲間）など、ペット起源の野生動物もいる。

一九九八年九月に大阪と奈良の県境に横たわる生駒山の有料道路の駐車場で「トラがいた」という通報があった。付近を捜索したところ、ブタ二頭、ハクビシン一頭、さらにヤマネコ（ボブキャットか）にオポッサム、フクロギツネが発見されたのである。トラは見つからなかったが、目撃談では幼獣のようだから生きていけないから心配ないと結論づけられた。おそらくペットとして飼っていた個体を放逐したのだろう。もしかしたらペットショップかブリーダーの仕業かもしれない。

こうして放逐されたペットが、人知れず息絶えるのも残酷な話だが、環境に適応して子どもを産むケースもあるだろう。

そうしたなかでは、感染症の拡大も心配だ。人間にうつす可能性に加えて動物同士の感染もある。実際にネコエイズがノラネコの世界には蔓延しているようだ。ノラネコの寿命は二~三年といわれる。飼いネコが一〇年以上生きるのと比べて短命だ。やはり野生の世界は過酷なのだろう。

イノシシやサル、そしてクマなど大型で危険度の高い動物も、都会への進出を企てている。神戸のように山が近いと繁華街にまでイノシシが出没する。クマが住宅街に姿を現して騒動になることも東北や北海道では珍しくなくなった。出動させられる警官も困るだろう。建築物の密集する都会では追跡さえ苦戦を強いられる。

問題は、都市の住民は農山村民以上に野生動物について知識がなく、対応の仕方を身につけていないことだ。むしろ警戒心なく近づき、手を伸ばす人までいる。その行為の危険性について気づいていない。仕方なしに駆除したら、安全圏に住む住民から「動物を殺すな」という苦情が殺到する有様だ。

あまつさえ、こうしたニュースを伝える番組で素人のコメンテーターは「悪いのは動物ではなく、彼らの生きる場所を奪ってきた人間」という怪しげなコメントを出す。そして「カワイソウ」という感情だけで駆除に難色を示す。生息数が増えていることを理解せず、また人と接触することの危険性に頬被りしたまま、思いつきのコメントをばらまく。

今後、都会は間断なく侵入する野生動物に悩まされることになるだろう。いつまでも「珍しい出来事」では済まない。対策を早急に練っておくべきだが、まずは都市住民の野生動物に対する認識を改めさせる教育が必要だ。

もし侵入した動物が人を襲って大怪我をしたら、感染症を持ち込んだら。そのときになって騒いでも手遅れだ。他人頼みは止めて、個々人が対処方法を身につけねばなるまい。

「カワイイ」動物はなぜ生まれる？

いろいろ迷惑をかけられるし、恐ろしい存在でもあるのだけど、やはり動物が好き、という人は多いはずだ。そこで「なぜ人間は、動物が好きなのか」を問い直したい。

そこには「カワイイ」という感情が横たわっているように思う。凶暴な、ときに人さえ食い殺しかねない猛獣でさえ、幼獣はカワイイ。いや成獣でも眠っているときや親子のしぐさをカワイイと感じる。この「カワイイ」という感覚、曲者である。利用するために飼育している動物（家畜）から、愛玩動物、つまりペットへと移る元になる感情だ。

一九五〇年代の後半、旧ソ連の遺伝学者ドミトリ・ベリャーエフは、キツネの家畜化実験に着手した。我々の先祖がさまざまな動物に対して行った「家畜化」のプロセスをなぞることが目的だ。選んだのは、これまでペットにならなかったギンギツネである。ギンギツネは毛皮をとる目的で飼育されているが、人になつくことはなかった。ベリャーエフは一九八五年に死去したが、この実験は現在も進行中である。

キツネは、通常人に対しては攻撃的な肉食動物である。そこで多数のキツネを檻で飼育しつつ、多少とも大人しく人間に牙を向かない個体の選別がなされた。人間の接触に対して友好的な態度の個体をピックアップしたのだ。この段階で全体の約一割、一〇〇匹のメスと三〇匹のオスが選ばれた。そして、これらのキツネを交配させて子孫をつくらせた。

子ギツネが生まれると、研究者たちは人の手で餌を与え、生後二カ月～二カ月半の間だけ毎回正確に時間を測って頭を撫でる。こうした接触を嫌ったり、人を避けたりする反応を見せる個体は外す。そして人になつきやすい個体だけを選んで次の世代とした。それが二代目三代目となると、ほとんどのキツネが人に対して友好的になった。

四代目には劇的な変化が見られるようになった。イヌのようにふるまう個体が現れたのだ。尾をふり、クンクン鼻を鳴らし、子イヌがするように研究者たちをペロペロ舐めるようになった。積極的に人間との接触を喜ぶのである。

さらに身体的特徴に変化が現れた。まず耳は垂れるか垂れがちになった。この特徴はイヌやネコ、ブタ、ウマ、ヤギなどの家畜に見られる特徴である。それに尾がイヌやブタで見かけるように丸まった。世代が進むと骨格の変化も見られるようになる。四肢や尾、鼻や上あごが小さくなり、頭は大きくなった。一言で言えば「カワイイ」見かけになったのだ。繁殖も、野生のキツネより一月早く生殖可能になり、繁殖期間も長くなった。期外に交尾するケースも見られたほどだ。出産で産む子の数も平均で一頭多くなった。

こうした変化は、「ネオテニー（幼形成熟）」と呼ばれる。幼児の特徴を保持したまま成熟する現象だ。

動物行動学者のコンラート・ローレンツ博士は、子ども時代の動物の身体的な特徴を「ベビースキーマ」と定義する。それは身体に比して頭が大きい、おでこが出ている、鼻が短い、大きな目が顔の下の方についている、あごが小さい、手足が短い、ぎこちない動き、といった特徴がある。たいていの動物の赤ちゃん時代の姿としぐさだ。それは親（成獣）に、親の庇護本能を刺激し、養育行動を引き出すためだろうと指摘している。幼体だけでは生きていけないので、親の庇護本能を刺激し、自分の身を守るためにベビースキーマがあるのだ。この効果は、ときに異種動物にも通じるようだ。とくに人は、このベビースキーマによく反応した。それこそ「カワイイ」感情を引き出すのである。

ところでネコは、幼体時と成体時の頭の形に変化が少ない。だから人は、成獣のネコもカワイイと感じペットにしやすいのかもしれない。イヌもネコより差はあるが、少なくとも原種のオオカミより丸みを帯びた体型だ。ヒトもチンパンジーと比べると、子どもと大人の頭の形はそれほど大きく変化しない。つまりネコもイヌも人間もネオテニーだと言える。幼児体型を残したまま、成熟（大人化）したのである。

この「子ども顔」の動物は、カワイイさゆえに攻撃しづらい。だからコミュニケーションが発達する。それはなつくという行動となり、ペットになりやすい（人間の場合は、それが社会性を身につけやすくしたのかもしれない)。

ただイヌやネコは、「カワイイ」ゆえに、駆除に対する抵抗が強くなる。環境省によると、保険所などのイヌ・ネコの引き取り数は年間九万頭あまりで、年間殺処分数は三万八〇〇〇頭程度(二〇一九年)だが、約六割は引き取り手が見つかるそうだ。里親探しをする団体などの涙ぐましい努力のおかげだろう。ベビースキーマの魅力に取りつかれた人々の活動と言えるかもしれない。

しかしシカやイノシシは、どちらも年間六〇万頭前後を駆除していることを思えば、複雑な気持ちになる。動物の命が人間の好き嫌いに左右されているのだから。

もう一つ、メディアの影響も考えたい。東京大学大学院の深野祐也助教、曽我昌史准教授、東京動物園協会の田中陽介氏は、アニメ『けものフレンズ』に登場する動物名のインターネット検索数とネット百科事典ウィキペディアの閲覧数、それに動物園への寄付額を調べた。

『けものフレンズ』は、動物を擬人化してかわいく描いたアニメだが、登場した動物の検索数が以前より六〇〇〇万回以上増え、ウィキペディア閲覧数も一〇〇〇万回以上になっていた。さらに上野動物園・多摩動物公園・井の頭自然文化園に行われた過去五年分の寄付記録を解析すると、アニメに登場した三〇種の動物への寄付は、登場していない一二九種への寄付に比べ、放映後に増加していた。知名度の低かった種類も注目を集めた。

なお一四九の動物園・水族館のある都道府県では、飼育されている動物の検索数がそうでない地域の約二倍になっていた事実も発見されている。

やはり人は、目にした動物（それがアニメであれ、動物園の展示であれ）に対しては愛着を持ち、なんらかの行動を起こすようだ。そこには「カワイイ」感情を刺激する動物に対する人間のリアクションが読み取れる。逆に言えば、人はなんらかの形で触れ合った動物に対して「カワイイ」という感情が生じるようだ。

築けるか、人と野生の共生社会

人と野生動物はいかなる関係を築けばよいのだろうか。

実際に人が野生動物と共存している例を探すと、なくはない。有名なのは奈良のシカだろう。一〇〇〇年以上も両者は共存してきた。人はシカを神の使いとする信仰を持ち、保護してきた。鹿せんべいも与えた。おかげで奈良のシカは人を恐れず、すり寄ってくる。

奈良のシカの観光効果は絶大で、地域に多くの利益をもたらしている。

しかし、増えすぎたシカのおかげで春日山原始林の植生が荒廃し、周辺の農地に被害が出ている。たまに観光客が角で突かれるなど怪我もする。完璧に共存しているとは言えない。それでも「奈良のシカ」は守る。悪戦苦闘・試行錯誤の連続だが、単純に「害があるから駆除する・追い払う」という発想ではなく、愛護会がつくられ、人が怪我しないように角を切り、気性が荒くなる出産期にメスを保護して隔離する。一方で怪我や病気のシカは、収容して治療する。それも二四時間体制だ。真夜中にシカが交通事故にあったと連絡があれば、すぐに出動する。市民が住宅街に出没したシカを見かけても、騒がずそっとしておく。庭木を食われたら追い払うが、駆除しろとは思わない。

釧路や知床では、キタキツネが観光客のいる道路に出てくることが知られている。二本足で立ち上がり、飛んで跳ねて見せるなど芸をするようになったという。観光客の車を追いかけたり、写真向きのポーズを取ったりするらしい。野生なのに人を怖がらない。人が与える餌目当ての要素もあるが、必ずしもそうではないそうだ。同じようなことは、野鳥やリスなどでも起きている。危害を加えないと感じたら、人に興味を持って近づく野生動物もいるのである。

ただ人と野生動物との共生は、より明確な原則や理念がないと、お互いの立ち位置がわかりにくい。保護はどこまで必要か、獣害をどこまで許容するかが見えてこない。

近年、欧米から「アニマルウェルフェア」の理念が入ってきた。直訳すると「動物福祉」だが、国際獣疫事務局は「動物が生活している環境にうまく対応している態様」と定義している。適用されるのは家畜のほか動物園や水族館などの展示動物、研究のための実験動物、一般家庭の愛玩動物（ペット）、そして野生動物だ。

いわゆる動物愛護とは違って、人間が動物を利用することや殺すことを否定していない。たとえば家畜や家禽は、最後は食肉にするわけだが、飼育中は快適に生きてもらい、苦しまないよう屠畜すべきだとする。死ぬ寸前まで生き物としての尊厳を持って育てるという発想だ。そこではニワトリのケージ飼い（狭い空間に閉じ込め運動させない状態）は否定されている。同じことはウシにもブタにも適用されて、不衛生で苦痛を与えるような環境で飼育してはいけない。

家畜だけでなく展示動物や研究実験動物、ペットも同じだ。動物園・水族館などで動物を展示して一般人に動物を知ってもらうために飼育するのは認めつつも、芸を仕込むことが問題視されるようになった。科学的な研究や薬剤の製造に動物実験が必要なことは認めるものの、その数を最小限にすること、無駄な実験をしないこと、そして実験動物の飼育にも十分な配慮が求められる。さらにイヌ・ネコなどペットで見られる多頭飼い（とその崩壊）も虐待とされる。これらをひっくるめて「アニマルウェルフェア」と呼ぶ。

しかし、こうした考え方が野生動物にも適用されることは、あまり知られていない。たとえば、害獣の駆除は認めるが、できる限り苦痛を与えないよう即死させることが求められる。一例を挙げれば、くくり罠は足を締めつけて捕まえるが、すぐに死なずに暴れて骨折するなど苦痛を与えるので否定的だ。もっともレジャーとしての狩猟を認める点は、いかにも欧米流のご都合主義がかいまみえるが。

すでにアニマルウェルフェアの理念は世界的に広がっている。オリンピック・パラリンピック開催地で選手に供する食事の素材（食肉）は、この基準に乗っ取らねばならない。日本の養豚や養鶏は基準に合わず、東京オリパラ開催時に国産品を供給できないと心配されたこともある（結局、日本独自の飼育基準を決めてスルーしてしまったが）。

二〇一八年、アメリカのカリフォルニア州では、家畜・家禽を檻に入れる場合に十分な空間の確保を求める住民投票が行われ、六二・六六％の賛成票を集めて可決した。そして、違反した飼育環境で生産した肉や卵の販売は禁止された。ニューヨーク州では、二〇一七年にゾウ保護法が制定され、サーカスなどでゾウを登場させることが禁止された。フロリダ州では、グレーハウンド犬のレースが禁止された。アイオワ州は、動物法的保護基金絶滅危惧種法に違反する動物園を訴え、農業省はその動物園の免許を取り消した。

アニマルウェルフェアのほかに、動物が人間並みの権利を主張できる「ノンヒューマンパーソンズ」という「格」を認める動きも世界では広がっている。

二〇一四年にインド最高裁で、動物は人間の所有物であるとしながらも、すべての動物が憲法のもとで固有の生きる権利を有しているという判決が出された。二〇一九年にはパンジャブ・ハリヤナ州高等裁判所はすべての動物に法的人格を認めた。

イギリスの写真家デヴィッド・スレイターが野外にカメラを設置し、クロザルが自分でシャッターを押すよう仕向けて撮れた写真に対して、動物保護団体が著作権はクロザルにあると提訴した事件もある。裁判所は訴え自体を却下（二〇一六年）したが……。

西洋文明、というよりもキリスト教文化圏では、かつて人間と動物を極めて厳格に分けていた。家畜は神が人間の食べ物としてつくった動物とまで定義した。しかし科学的な研究が進むにつれ、今度は極端に動物を人間と同じように扱い始めたようだ。

日本に、こうした動きはまだないが、もともと人間と動物の境界線が曖昧だ。そして動物を擬人化して語りやすい。昔話や説話、伝説の中には動物（キツネやタヌキ、ときにはツル、ヘビなど）が人間に化けるだけでなく、人と婚姻し子をもうける話まである。一方で多くの野生動物が神、もしくは神の使いとして祀られた。それらは怪異談にも笑い話にもなる。厄介な隣人だったとしても、嫌ってはいなかったのである。

私の好きなエピソードに、青森県下北半島のニホンザルの話がある。北限のサルと言われて天然記念物に指定されたものの、農作物を荒らす被害がひどかった。そこで対策を協議する会議で、各集落代表が口々に被害を説明した。その会議の最後にサルの群が棲みつき、もっとも被害の多い村の代表が口にした言葉がある。

「みなさん、うちのサルが迷惑かけて申し訳ない。どうぞ、（サルを）追い払ってうちの村に帰してやってください」

被害に苦しみながらも「うちのサル」と感じていたのである。そして身内がしでかした〝不始末〟を謝るだけでなく、被害を一身にひき受けようとした。

それは現実的ではないかもしれない。しかし、そうした心情を持って野生動物と向き合う人々がいたのである。

野生動物との共生問題において、ときに「野生動物と人の生息域を完全に分離する」という発想が出てくることがある。そうすれば獣害は出ず、人は必要なときだけ野生動物エリアに足を運べばよいというわけだ。

しかし、それは健全な暮らしだろうか。むしろペットではない野生動物が身近にいる生活は考えられないだろうか。都市の中でも野生動物が適度に出没して、たまに目にしたり触れ合ったりする……そんな日常が送れたら、精神的な暮らしの質は豊かになるように思うのだ。

そのためには、人間が野生動物の知識を身につけ、危険性と対応の仕方を深く知らねばならない。獣害を受忍できるレベルに押さえる方策も必須だ。そのうえで動物との接触を楽しめる環境をつくれないか。単に動物が「カワイイ」で留まらず、動物と一緒に生きる方法を学ぶ場となればと願う。

目を向けるべきは人間の都合だけの駆除でなく、極端な動物愛護でもない。人と動物が共存する地域の生態系であり、それらすべてを含む社会の豊かな未来だろう。

おわりに

「はじめに」にも記したが、私は森林を構成する要素のなかでも、とくに野生動物に関心が強かった。私が野生動物を追いかけた日々は、森林ジャーナリストへ歩む道の出発点と言えるかもしれない。

そんな私に本書の企画を示したのは、イースト・プレスの矢作奎太氏である。有り難い提案だったが、同時に動物全般を私が扱うには荷が重い気もした。野生動物、そして獣害事情は日々変化しており、研究による知見も次々と塗り替えられている。意見も千差万別。すべてを把握して執筆するのは至難だ。しかし、一般に自然破壊の進行で野生動物は減っているという思い込みが強いなか、増えている動物がたくさんいること、そして人間や生態系に悪影響が出ていることを紹介するのは有意義だろうと思うに至った。

そこで動物に関する取材内容や自分の体験などを振り返りつつ、各種の文献や論文に目を通していたところに起きたのがコロナ禍だ。まったく想定外の出来事だったが、むしろ外出自粛（と言いつつ、毎日森に出かけていた）のなか、本書執筆に集中することができた。

そして気づいたのは「コロナ禍も、獣害の一つではないか」ということだ。新たな感染症をもたらした新型コロナウイルスは、おそらく野生動物から人にうつることで全世界的に広まった。そして経済全般をストップさせ、人々の生活を根底から崩す危機を出現させたのだ。それは野生動物の恐ろしさを一般人が感じる機会となったのではないか。

だから、都会で暮らしている人々が、獣害に悩まされる地方の農山村を他人事のように眺めているのは危険だ。いまや獣害は誰にでも襲いかかるのだ。

日本列島は、地球全体から見ても人口稠密地（ちゅうみつ）である。一方で森林率六七％を誇る国土は、都市の近くまで自然が広がり、多様な動植物が生息するホットスポットでもある。この舞台を「獣害」の視点から眺めることで、人間と野生動物が今後どのように向き合って行くかを考えることができるのではないか……と気づいた。

獣害を恐れて、野生動物を忌避する、もしくは毛嫌いするのではない。より適切な野生動物との触れ合い方を考えていきたい。

主な参考資料一覧

四手井綱英、川村俊蔵：編（一九七六）『追われる「けもの」たち』築地書館
田中淳夫（二〇一八）『鹿と日本人』築地書館
前迫ゆり：編（二〇一三）『世界遺産春日山原始林』ナカニシヤ出版
前迫ゆり、高槻成紀：編（二〇一五）『シカの脅威と森の未来』文一総合出版
湯本貴和、松田裕之：編（二〇〇六）『世界遺産をシカが喰う』文一総合出版
依光良三：編（二〇一一）『シカと日本の森林』築地書館
高槻成紀（二〇一五）『シカ問題を考える』山と渓谷社
田口洋美（二〇一七）『クマ問題を考える』山と渓谷社
米田一彦（二〇一七）『熊が人を襲うとき』つり人社
宮崎学（二〇一〇）『となりのツキノワグマ』新樹社
ピーター・P・マラほか（二〇一九）『ネコ・かわいい殺し屋』築地書館
今泉忠明（二〇一五）『猫はふしぎ』イースト・プレス
室山泰之（二〇一七）『サルはなぜ山を下りる？』京都大学学術出版会
高橋春成：編（二〇〇一）『イノシシと人間 共に生きる』古今書院
中国新聞取材班：編（二〇一五）『猪変』本の雑誌社
高槻成紀（二〇〇六）『野生動物と共存できるか』岩波書店
小池伸介、山浦悠一、滝久智：編（二〇一九）『森林と野生動物』共立出版

祖田修（二〇一六）『鳥獣害』岩波書店
和田一雄（二〇一三）『ジビエを食べれば「害獣」は減るのか』八坂書房
丸山直樹：編（二〇一四）『オオカミが日本を救う！』白水社
井上雅央（二〇〇八）『これならできる獣害対策』農山漁村文化協会
三浦慎悟（二〇〇八）『ワイルドライフ・マネジメント入門』岩波書店
千松信也（二〇一五）『けもの道の歩き方』リトルモア
武井弘一（二〇一〇）『鉄砲を手放さなかった百姓たち』朝日新聞出版
宮崎昭、丹治藤治（二〇一六）『シカの飼い方・活かし方』農山漁村文化協会
揚妻直樹（二〇一三）「シカの異常増加を考える」『生物科学 65巻 2号』農山漁村文化協会 https://eprints.lib.hokudai.ac.jp/dspace/bitstream/2115/54808/1/65_2_108_116.pdf
揚妻直樹（二〇一五）「シカ個体群の歴史から自然生態系保全を考える」 http://forest.fsc.hokudai.ac.jp/member/Agetsuma/KiiSympo2015HP.pdf
Anna V. Kukekova（二〇一八）“Red fox genome assembly identifies genomic regions associated with tame and aggressive behaviours” https://www.nature.com/articles/s41559-018-0611-6
春日山原始林研究グループ（二〇一一）「世界遺産春日山原始林と天然記念物ニホンジカの保全生態学的研究」 https://www.nacsj.or.jp/pn/houkoku/h12/h12-no08.html
農林水産省ＨＰ「鳥獣被害対策コーナー」 https://www.maff.go.jp/j/seisan/tyozyu/higai/index.html
環境省ＨＰ「環境白書・循環型社会白書・生物多様性白書」 http://www.env.go.jp/policy/hakusyo/index.html

さらに多くの書籍、雑誌、論文、インターネットの情報を参考にさせていただきました。

イースト新書
127

獣害列島
増えすぎた日本の野生動物たち

2020年10月14日　初版第1刷発行

著者
田中淳夫

編集
矢作奎太

発行人
北畠夏影

発行所
株式会社
イースト・プレス
〒101-0051
東京都千代田区神田神保町2-4-7久月神田ビル
Tel:03-5213-4700　Fax:03-5213-4701
https://www.eastpress.co.jp
装丁
木庭貴信+角倉織音
（オクターヴ）

本文DTP
臼田彩穂

印刷所
中央精版印刷株式会社

ISBN978-4-7816-5127-9